卡耐基经典读本：全5册

人性的弱点

[美] 戴尔·卡耐基◎著 徐苑琳◎译

中国纺织出版社有限公司

内 容 提 要

《人性的弱点》是卡耐基成功学的奠基之作，荟萃了卡耐基思想理论最精华的部分。该书创作于20世纪早期，当时美国经济陷入萧条，战争和贫困导致人们失去了对美好生活的向往。本书作为一本实用的人际关系著作，从人性本质的角度，挖掘出潜藏在人们体内的弱点，使人们能够充分认识自己并不断改造自己，从而能有所长进，直到取得最后的成功。作者讲述的许多普通人通过奋斗获得成功的真实故事，激励了无数陷入迷茫和困境的人，帮助他们重新找到了自己的人生方向。

本书一经上市就风靡全球，几十年间被翻译成全世界几乎所有的主要语言，全球总销量已达1.5万亿余册，仅次于《圣经》，是全球第二大畅销书，被视为社交心理和沟通技巧的“《圣经》”。

图书在版编目（CIP）数据

卡耐基经典读本：全5册. 人性的弱点 /（美）戴尔·卡耐基著；徐苑琳译. --北京：中国纺织出版社有限公司，2021.6（2023.10重印）
ISBN 978-7-5180-6476-2

Ⅰ.①卡… Ⅱ. ①戴… ②徐… Ⅲ.①成功心理—通俗读物②心理交往—通俗读物 Ⅳ.①B848.4-49

中国版本图书馆CIP数据核字（2019）第160218号

责任编辑：李 杨　　责任校对：武凤余　　责任印制：储志伟

中国纺织出版社有限公司出版发行

地址：北京市朝阳区百子湾东里A407号楼　邮政编码：100124

销售电话：010-67004422　传真：010-87155801

http：//www.c-textilep.com

中国纺织出版社天猫旗舰店

官方微博http：//weibo.com/2119887771

大厂回族自治县益利印刷有限公司印刷　各地新华书店经销

2021年6月第1版　2023年10月第2次印刷

开本：880×1230　1/32　印张：32

字数：682千字　定价：148.00元

目录

第一篇

与人相处的基本技巧

1.想要得到蜂蜜，就别踢掉蜂巢

卡耐基金言

任何时候，批评都是无济于事的，它只会让当事人披上防护的外衣，让他竭尽全力为自己开脱，它会伤及一个人的自尊，并让他产生反抗之心。

任何一个批评别人的人都是愚蠢的，同时，他们还会斥责和抱怨别人。但如果你希望自己成为一个宽恕别人的人，就需要做到两点：人格、克己。

在1931年的5月7日，在美国的纽约市，发生了一件市民们从未看到过的、壮观的围捕事件——凶手名叫克罗雷，他是个滴酒不沾的人，被称为“双枪杀手”，然而，这天，正当他在大街西头的情人的公寓里休息的时候，却被警察逮了个正着。

一百五十名美国警察和藏在公寓顶层的克罗雷展开了激烈的枪战。首先，这些警察在屋顶砸了个大洞，然后朝房间内释放了催泪毒气，试图把这个十恶不赦的罪犯熏出来。然后，警方人员在周边的建筑物上架起了机枪。接下来的一个多小时，这个美国原本很安静的居民区，就“热闹”起来了，到处是枪声，罪犯克罗雷藏在一张堆满杂物的椅子后面，他手持短枪，不断地朝警察射击。一时间，上万的居民走上街头看热闹，虽然危险，但也惊险刺激，在附近久居的人都知道，这样的场面从未有过。

当克罗雷被捕后，纽约市警察局局长E.P·马洛里指出："克罗雷是纽约警局建档以来最危险的一个罪犯，对于他来说，杀人就像切根葱一样，毫无疑问，他该被判处死刑。"

然而，双枪杀手克罗雷是怎样看待自己的行为的呢？就在克罗雷被捕那天，警察在他情人的公寓里发现了克罗雷写的一封公开信，可能在写信的时候伤口正好流血了，所以信件上沾有他的血渍。克罗雷的信中有这样的内容：在我的身体里面，住着的是一颗早已疲惫的心，这颗心是仁慈的，是不愿意伤害任何人的。

就在克罗雷被捕前的一天，他和自己的女友驾车在长岛的一条乡村公路上寻欢，刚好那时走过来一个执勤的交通警察，对在路边停车的克罗雷说："请出示您的驾驶执照。"

克罗雷什么都没说，就掏出手枪对这名交通警察射击，然后警察倒地而死。接着，克罗雷从他的汽车里跳了出来，捡起挂在交通警察腰间的手枪，对着已经死亡的警察再次开了数枪。

难道这就是克罗雷所说的"在我的身体里面，住着的是一颗早已疲惫的心，这颗心是仁慈的，是不愿意伤害任何人的"吗？

克罗雷犯罪的最终结果是被判处坐电椅，当他被警察带进来时，他所说的并不是"这是我杀人不眨眼的下场"，而是"我这样做只不过是自卫而已。"

所以，我们从整件事中能得出一个结论：罪犯克罗雷对自己所犯下的罪行毫无悔过之意。

美国鼎鼎有名的黑社会头目卡庞曾说过一句话："我把我

的一生奉献给了人们，为的是他们能获得幸福安宁的日子，但最终，我所得到的只不过是谩骂和侮辱以及不得不亡命天涯而已。”他曾是美国人民的头号公敌，无恶不作，后来，卡庞在芝加哥被枪决。可是，自始至终，他都认为自己没做错，反而认为自己是个有益于公众的人，只是被大众误解了而已。

在纽约，曾有“纽约之鼠”这一恶名的舒尔茨，他曾因为江湖恩怨被杀，但在他生前接受记者采访时却说，自己是个对群众有贡献的人。然而，其实，他是个人人喊打的罪犯。

我有个朋友叫刘易士·路易斯，他曾是美国关押重刑犯的辛辛监狱的监狱长，我们之间曾就这个问题进行讨论。他说，在他管理的辛辛监狱，很少有人认为自己是坏人， 他们和我们所有人一样，总喜欢对自己的行为进行辩解，他们会告诉你自己为什么要撬开别人的保险箱，为什么要开枪杀人，甚至他们还能对自己的反社会行为给出合理的理由，因此，他们得出的结论是，自己不应该被关进监狱。

如果卡庞、“双枪杀手”克罗雷、舒尔茨，以及被关押在牢房中的那些犯罪分子，他们根本不会意识到自己做错了，我们又该如何要求日常生活中的人呢？

已经去世的华纳梅格，曾经说过这样一句话：“早在三十年前，我就已经明白了一件事，责备别人是愚蠢的，即便我对于上帝没有公平地分配人的智力一事并不抱怨，然而，对于克制自己的缺陷，我已感到非常吃力了。”在这个问题上，华纳梅格早就明白了，然而，如此简单的一个问题，我却三十年都没理解透彻……对于任何人来说，即便一百次中他已经错了九十九次，他也不会因此而批评自己。

实际上，任何时候，批评都是无济于事的，它只会让当事人披上防护的外衣，让他竭尽全力为自己开脱，它会伤及一个人的自尊，并让他产生反抗之心。

在著名的德国军队里，一旦一个士兵被认为做错了事，他是不能立即提出申诉和辩解的，他能做的只是带着这股子怨气睡觉，直到这股怨气消失。如果他立即辩解，就会受到惩罚。

在日常生活中，我们似乎总能找到这样一类人——唠叨个没完没了的父母、喋喋不休的妻子、斥责怒骂的老板，以及那些吹毛求疵、让人反感的人。

翻开史册，你就能发现，“批评”毫无效果的例子实在太多了。罗斯福和塔夫特总统曾有过一次激烈的争论——正是因为这次争论，分裂了共和党，给威尔逊进入白宫提供了机会，进而有了其在“二战”中的英勇表现，使其永载史册。

事情的经过是这样的：

1908年，罗斯福辞去了总统职位，然后离开了白宫，在离开前，他决定让塔夫特做总统，然后他自己去了美丽的非洲大草原狩猎狮子。而当他再回到美国本土的时候，一切已发生了变化。他发现所指派的塔夫特是个十分守旧的人，于是他想要连任第三任总统，因此他组织了“勃尔摩斯党”，这样做，差一点儿就毁掉了美国历史上著名的共和党。在此后的一次选举中，塔夫特和共和党，只得到了两州的赞助——“夫蒙”和“雨脱”，这是共和党历史上最大的一次失败。

接下来，罗斯福责备了塔夫特，然而，塔夫特自己呢？他有没有责怪自己？当然没有。当时，塔夫特两眼满含泪水说：“我不知道怎样做才能和我所已经做的不同。”

那么，这件事中，谁错了？我们并不需要追究这一点，不过我要说的是，事件中罗斯福对塔夫特的批评，并没有让塔夫特认识到自己的错误，反而让塔夫特竭尽全力为自己辩护。

不知道你是否还记得铁泡脱·顿姆的煤油舞弊案？这件事让美国的公众愤怒了好几年，几乎震荡了整个美国，在美国公民的记忆里，从未发生过这样的情形。

接下来我们看看煤油舞弊案的整个过程吧：

这是舞弊案的事实经过：哈尔信脱·福尔，是哈丁总统任命的内政部长，当时总统委派他管理政府在爱尔克山和铁泡脱油田保留地出租的事。那块油田是政府预留出来的给未来海军用油的基地。

接下来，福尔并没有通过公开招标来给竞争者们机会，而是把这份丰厚的合约直接给了他的朋友——图海尼。图海尼又是怎么做的呢？他把他称之为“债款”的十万美金送给了这位福尔部长。

之后，福尔利用职务之便，给美国海军下达了命令，让他们进驻片那地区，把那些竞争者赶走，因为在基地附近的油井，无形中吮吸着爱尔克山的财富。然而，被赶走的那些竞争者怎么会甘心被欺负？他们联合起来，走进了法庭，揭发了铁泡脱油田一亿美金的舞弊案。

这件事影响太大了，甚至影响了当时整个政府行政的运作，全国一片哗然，一致痛恨；共和党也几乎垮台，福尔也被判入狱。

福尔被大众斥责，在美国政务史上，很少有人被这样谴责过，然而，福尔后悔自己曾这样做吗？当然没有！

几年后的一天，在胡佛的一次演讲中，他暗示哈丁总统的死因是神经的刺激和心里的忧虑，因为他被一个朋友出卖了，当时在座的就有福尔的妻子，听到胡佛这样说，她激动得差点儿从椅子上跳起来，她失声大哭，双手攥紧了拳头，然后很大声地说："你在说什么……哈丁是被福尔所出卖的？不，我丈夫从没有做过任何辜负别人的事，即便给他一个房间的黄金，他也能坚定信念、不去做坏事，他之所以走向刑场，被迫入狱，是因为被别人出卖了。"

到这里，我们便可以明白了，做错事不反省、反而责备别人，我们甚至可以说这是人类的天性，我们也是如此。所以，日后，当你因为别人做错事而想批评对方的时候，就请想想前面我们论述过的关于卡庞、克罗雷和福尔这些人吧。

我们可以做这样一个比喻：批评就像我们饲养的鸽子，每当傍晚的时候，它们总会自己飞回家。我们要明白的是，我们想批评或谴责的人，他也会为自己辩护，然后反过来把责任推给我们，就像温和、守旧的塔夫特面对罗斯福总统的批评一样："我不知怎么做，才能和我所已经做的不同。"

你是否想让身边的人做出调整和改变，进而使其进步呢？答案是肯定的，这最好不过的。然而，为什么你不从自己先开始呢？从人性自私论的角度来考虑，从自己开始要比改进别人获益得多。

鲍宁这样说："当一个人的争论、激辩起于自己时，他在若干方面已不是寻常的了。"

在我年轻的时候，我希望自己能出名，我曾写过一封信给美国文坛上一位极负声誉的作家——戴维斯，那时，我打算给一家杂志社写一些有关当时文坛作家的文章，想请教戴维斯关于写作的一些方法。

几个星期后，我收到了戴维斯的回信，在信上附加有这样一句话："信乃口述，未经重读"。这两句简短的话吸引了我的注意力，这表明写这句话的人事务繁忙，而我却有很多闲暇时间，然而，当时我特别希望能引起大作家戴维斯的注意，于是，我又给他写了一封简短的回信，并且也在后面附上了简短的一句话："信乃口述，未经重读。"

我想，戴维斯大概是不屑再给我写信了，他只是把我那封信退了回来，然而，他却在后面十分潦草地写了几个字："你态度之不恭无以复加。"

确实是我错了。也许我该得到这样的批评，然而，可能人的本性就是如此，他的一句简短的话，让我对他产生了深深的怨恨，甚至在十年以后，当我得知他去世的消息时，这一怨恨之心也并未消除，然而，我却不肯承认，这是他给我带来的伤痕。

如果你明天要激起一股愤恨，到死为止都让某个人痛恨你，我想你可以放任一些让人产生怨恨的批评。

在我们与一个人打交道时，你要明白，任何人都不是理论性的动物，而是复杂的、带有情感的动物。而批评是极具危险性的导火索，它足以将一个人置于死地，因为它背后隐藏的是一个威力极强的炸弹，一旦导火索被点燃，就会产生毁灭性的后果。曾经就有一个真实的案例：胡特将军因为被人们批评，又不被允许作为代表去法国，在这样自尊心的打击下，他的寿命被缩短了。还有，才思敏捷、在英国文坛上曾被称为“最好的小说家”的青年才子哈代因为受到了苛刻的批评而最终失去了提笔写作的勇气。

富兰克林在年轻的时候，并没有表现出过人的智慧，在后来，他之所以成为一个手腕极强、待人处世十分有技巧的人，就是因为他坚持做到：“我不说任何人的不好！”他又这样说：“而说我所知道的每一个人的好处！”

任何一个批评别人的人都是愚蠢的，同时，他们还会斥责和抱怨别人。但如果你希望自己成为一个宽恕别人的人，就需要做到两点：人格、克己。

卡莱尔曾经这样说过：“要显示一个伟大人物的伟大之处，那就要看他如何对待一个卑微的人。”

正如强森博士所说的：“上帝在末日之前，还不打算审判人！”那么，你我又为什么要批评别人呢？请记住，不要批评、责怪或抱怨。

2.给他人送去真诚的赞赏

卡耐基金言

人类天性中最深切的冲动，是“成为伟人的欲望”。

赞赏和谄媚的区别其实很难看出来，赞赏的动机是真诚的，而谄媚则是虚伪的；前者是发自内心的，后者是言不由衷的；前者是不自私的，后者是自私的；一个是被人佩服的，一个是为人所不耻的。

天底下只有一个方法可以促使别人去做一件事，你可以用枪指着别人的头，让他把他的名贵手表交出来；你也可以用炒鱿鱼的方法来惩罚你手底下一个不服从于你的的员工；你也可以用体罚或者恐吓的方法让你的孩子更听话。然而，这些手段都太粗劣了，这些粗劣的方法也只能带来一种后果。而真正促使他人做事的方法只有一种，那么，你可曾想过，这种方法是什么呢？那就是给他所需要的东西。

在德国的维也纳，曾有位著名的心理学家、精神分析学家——弗洛伊德博士，按照他的看法，任何人做任何事，无外乎两个动机：性冲动和渴望成为伟人的欲望。而作为美国学识最渊博的哲学家之一——杜威，则对此有稍微不同的见解，他说：人类天性中最深切的冲动，是“成为伟人的欲望”。记住，“成为伟人的欲望”这句话是很重要的，在后面我们还会提及。

那么，一个人到底想要些什么呢？也许这些东西并不多，不过，我们必须肯定的是，有几样东西是我们积极追求、几乎每个人都渴望拥有的，那就是：

一、健康的体魄；

二、食物；

三、睡眠；

四、金钱以及金钱能购买到的东西；

五、对于生命的保障；

六、性生活的满足；

七、子女们健康和快乐；

八、被重视的感觉。

这些欲望差不多都能被满足，当然，除了一个。和人对食物和睡眠的需求一样，这个欲望既深切、又难以满足，那就是弗洛伊德和杜威所说的“成为伟人的欲望”。

曾在某次信件中，林肯开头就提到说：“每个人都渴望被人称赞。”威廉·詹姆士也这样说过：“在人类天性中最深的本质就是渴求被人重视。这里，他用的词并不是“欲望”或“希望”，再或是“渴望”，而是说“渴求”为人所重视。

我们可以将其认为是一种痛苦的、极其渴望被解决的人类“饥渴”，如果我们能满足对方的这种“饥渴”，那么，对方就可以被我们掌握住。

可以说，人与动物之间的一项重要的差别就是寻求被重视的感觉。我自身就能证明这点：

小时候，我住在密苏里州的一个农村，我的父亲饲养了一种红种猪和白种牛。我和父亲常带着我们饲养的猪和牛参加美国中西部的家畜展览，并且几十次获了奖。

父亲把蓝缎带的奖章用针别在一块白颜色的布上，当有亲戚朋友来我们家时，父亲就拿出这块布，我们分别拿着布的两端，大家都会投来羡慕的目光。

我们都知道猪和牛并不在乎它们是否能得到蓝缎带这一奖章，然而，我的父亲却很看重这一点，因为这些奖品能让他得到被重视的感觉。

我们的祖先何尝不是如此呢？假如我们的祖先没有这种“渴求被重视的感觉和冲动”，那么，我们就不会有文化了，也跟其他动物差不多了。

正是这种“渴求被重视”的欲望，让一个没有受过正规良好教育的、在一家杂货店工作的贫困店员为了寻找他用五分钱买来的几本法律书籍而翻遍整个杂货堆里的大木桶，并痛下决心去研究。我想，你大概也听过这个杂货店店员的名字——林肯。

同样，也正是这种渴求被重视的欲望，激发了伟大的小说家狄更斯写出了不朽的文学名著；使华伦完成了他伟大的设计；使洛克菲勒积存了他一辈子花不完的钱；更使我们所在城市建造出了一所所的大房子。

这个欲望，能让你穿上最时尚的服饰，能使你开着最漂亮的汽车。我们再来谈谈你那可爱的孩子，也正是这一欲望，使很多青少年误入歧途、违法犯罪。美国前任警察总监莫罗尼说过：“现今社会不少年轻的罪犯，对那些虚名盲目追求，他们在被捕后的第一个愿望就是和那些球星、影视明星、歌手一样，能被刊登到那种不上流的报纸上。他看到的只有自己能在报纸上大出风头，而至于入狱后的牢狱生涯多么艰苦，似乎与他们根本无关。”

现在，假设你能告诉我，对于你来说怎样才能得到你的自重感，那么，我就可以告诉你，你是怎样的人，你的性格是怎样的以及对于你来说，最重要的事是什么。

我们先拿出洛克菲勒的例子。他认为，最重要的就是在中国的北平建立最新式的医院，这样，他感觉自己能帮助那些很多自己未曾谋面的贫民，以此来提升自己的自重感。

反过来，还有一个人名叫狄令克，他之所以抢劫、杀人，其实也是为了他的自重感，当美国联邦调查局的警察来追捕他时，他逃跑到了一个农户家里……他不但没有为此感到后悔，反而以他是第一号公敌为荣，所以他大声地说：“我是狄令克，我不会杀害你，但你们要知道我是狄令克！”

是的，狄令克和洛克菲勒最大的差别就是他们获得自己的自重感的方式不同。

为了取得同情、注意，也有人会用病痛甚至是装病的方式来让自己显得更为重要，比如，著名的的麦肯利夫人，她是威廉总统的妻子，为了让时任美国总统的丈夫放下国家事务来陪自己、抚慰自己入睡，她常常装病。一次，麦肯利夫人要去补牙，她坚持要求丈夫留下来陪她，但当时总统与国务卿约翰有约，不得不离开，为此，麦肯利夫人大发脾气。

心理专家称，也许人真的会发疯，然而，人之所以会发疯，是因为他希望自己能在疯狂的环境中找到自重感。在美国的医院中，那些患有精神病的人，其实比患其他病的人数目的总和还多，假如你的年龄在二十五岁以上，你的住址又在纽约或附近的话，那么，你患病的概率就是二十分之一，在你的一生中要住七年以上的疯人病院。

为什么会精神错乱呢？

这样笼统的问题，确实没人能回答，不过我倒是明白一些疾病，诸如性病，会摧残伤害脑细胞然后导致癫狂。实际上，大概一半以上的精神病都能归结到此类生理原因。

然而，另外那一半呢？这是一个让人惶恐的部分，很明显，在这类人的脑细胞中是完全没有任何病态的，在病人去世后，他的细胞会被解剖并进行检验，然后放到最高性能的显微镜下进行研究，最后发现，这类人的脑细胞和正常人的一样健全。那么，导致这些人精神错乱的原因是什么呢？

这个问题，我曾经向一位医院的主治医师请教过，他是个知识渊博的人，在关于精神病理方面，他有着最高的荣誉。他告诉我，他也不知道为什么这些人会精神错乱。可是他却作了这样的解释……许多精神错乱的人，在他疯癫中，他能找到在真实的世界中无法获得的自重感。也正是这位医师，给我讲了一个真实的故事：

“我正在帮助一个病人，对于她来说，她的婚姻就是一场悲剧，她想获得爱情、孩子和社会上的声望。然而，现实的生活的摧毁了她所有的希望。她的丈夫并不爱她，甚至连跟她一起用晚餐都不愿意，还强迫她服侍他在楼上房间吃饭。她没有生过孩子，更没有什么社会地位。终于，她精神错乱了，在她的梦幻中，她已经离婚了，是个自由人，还恢复了她曾在少女时使用的姓名。她自认为自己现在的状态是：她已嫁给英国皇家贵族，并且坚持要人家称她为史密斯夫人。

而对于她所希望存在的孩子，在她的幻想中确实也有。每次我去看她时，她都说："医生，昨天夜里，我生了个孩子。"

"你觉得这个故事悲惨吗？我不知道。"那位医师对我说。"假如我能用我的双手去治疗她，让她获得清醒，我也不会那样做，因为我觉得现在的她似乎更快乐。"

从整体的角度来说，对于那些精神错乱的人，他们似乎比我们正常人更容易获得快乐，既然许多人以疯疯癫癫为快乐，那么，他们当然会这样做，因为他们已经解决了自己的问题……他们能轻而易举地签出一张百万元的支票给你，或者能帮你写封介绍信，让你去见一位大人物。在他们为自我创造的梦境中，他们能找到自我所期望的自重感。

人们对自重感如此渴求，甚至患了精神病主只是为了得到它，假如在一个人没有疯癫前就给他真诚的赞美的话，那么，会不会产生不一样的结果呢？

据我所了解的，年薪百万的只有两个人，一个是克莱斯勒，另外一个是夏布。

为什么安德鲁·卡耐基要用百万年薪或者说三千元一天来聘请夏布呢？

安德鲁·卡耐基付夏布年薪百万元，是因为夏布是位优秀的天才吗？不，不是的！是因为他在钢铁制造上有特殊的造诣吗？答案也是否定的。

夏布曾亲口告诉过我，不少在他手下工作的人都比他更了解钢铁制造，夏布之所以能获得这么高的薪水，是因为他在待人接物上有特殊的才能。接下来，我问他是怎样做到的，他告诉了我一些话，在我看来，这些话应该刻在能永远存留的铜牌上，并要把这面铜牌悬在全国每个家庭、学校、商店、办公室里。这些话，我们应该背诵下来，并且，只要我们能够按照这些话来做的话，你我的生活面貌都将得到改变。

夏布说："在我看来，在人群里，我有激发他人热情的能力，这是我所具有的最大的资源……我充分挖掘一个人才能的方法就是赞赏和鼓励。"

接着，他又补充说："在这个世界上，最容易摧毁一个人意志的，就是上级对他的否定、批评。我从未批评过任何人，我只会鼓励下属。我喜欢称赞他人而讨厌吹毛求疵，如果非要问我喜欢什么，那大概就是赞许他人了。"

夏布平时就是这么做的，这也是他跟普通员工的区别，对于一般人而言，他们不喜欢的事，就会大加挑剔，喜欢就会什么也不说。

夏布又说："在我一生结交的朋友中，他们来自世界各地，来自各个阶层和行业，不过我还没找到一个人，不管他怎样伟大、地位如何崇高，他在被批评的情况下而不是被赞美的情况下能更好地完成工作和事业。"

确实，他所阐述的就是安德鲁·卡耐基之所以会获得惊人成就的一个重要原因，安德鲁·卡耐基也曾在公开场合赞美他的同仁，而不只是私下里。

安德鲁·卡耐基甚至还在他的墓碑上表达了对他助手的赞美，他为自己写的碑文是："在这里埋葬的，是一个了解如何与比自己更聪明的人相处的一个人。"

对于洛克菲勒来说，他待人成功的一个重要秘诀在于：诚恳的赞赏。有这样一件事，洛克菲勒有个伙伴——贝德福，因为决策失误，措施失当，他在南美做错了一宗买卖，使得公司损失了一百多万，对于这件事，洛克菲勒并没有指责。因为他了解到，贝德福已经尽力了，并且很快，他结束了这件事。然后，洛克菲勒极力找一些值得称赞的事来鼓励贝德福，以此来保证贝德福投资的那百分之六十的金额。洛克菲勒这样说："你已经做得很不错了，我们不可能总是什么事都称心如意。"

有这样一个例子：数次结婚的狄文尼兄弟俩，为什么在婚姻方面，会有为别人所羡慕的成功？为什么被别人看成是"公子哥儿"的狄文尼兄弟，能先后与两位美丽的电影明星和一位著名的歌剧主角，以及另外一位拥有数百万家产的哈顿结婚？那是什么原因？他们是怎么做到的？

圣约翰在自由杂志中曾这样写道："狄文尼对女人的魅力，在很多年以来，一直是我们心中一个解不开的谜……"他又说："妮格雷这个女人有识别男人的能力，可以说她也是一位艺术家。有一次她向我解释说：'他们比任何人都更了解如何恭维别人，这是谄媚的艺术，这一艺术，在这个真实又幽默的年代，已经是一件被人们遗忘的东西，而狄文尼对女人的魅力，或许就在这上面了。”

赞赏和谄媚的区别其实很难看出来，赞赏的动机是真诚的，而谄媚则是虚伪的；前者是发自内心的，后者是言不由衷的；前者是不自私的，后者是自私的；一个是被人佩服的，一个是为人所不耻的。

前段时间，我去了一趟墨西哥城的吉伯尔铁匹克宫，看到了奥伯利根将军的半身人像。在人像的下面，有这样一段奥伯利根将军的名言：“不要害怕攻击你的敌人，也要提防谄媚你的朋友。”

当然，我不是教导别人去恭维他人和学习谄媚，那不是我的本意，我所说的是一种新生活的方法。

在英国白金汉宫书房的墙上，刻有英皇乔治五世的一条格言，格言的大致意思是：教我不要奉承或接受卑贱的赞美。“卑贱的赞美”大致有“谄媚”的意思。我曾经还看到一句关于谄媚的话，我觉得此时很有必要写出来，那是“谄媚是明白地告诉别人，他想到他自己的种种”。

利夫华尔特·爱默生曾说：“你所说的任何言语，总离不开自己的种种。”

假如我们要做的，就是恭维别人和谄媚，那么，任何人都能掌握，我们也可以很容易地成为一名“人类关系学”的专家了。

一个人如果不是在思考某种确切的问题，那么，他就是在用百分之九十五的时间思索自己。而现在，假如你能停止一刻钟的时间不去想自己，而是想别人的优点，那么，你在说话的时候就不会感到卑贱和虚伪了，因为在你还未开口之前，就可以立即察觉到错误的谄媚了。

爱默生又说：“我所遇见的每一个人，都或多或少地有优胜于我的地方，那些地方都值得我学习。”

爱默生这样的见解是十分正确的，也是值得引起我们重视的。我们要做到停止思考自己的需要、成绩，而去想想别人的优点，忘记那些对别人的恭维和谄媚，给予他人发自内心的赞扬，人们也会把你所说的话珍藏在心里，终生不忘……即使你已把这件事忘了很久，可是他还牢牢记着你所说的话。

所以，学会真诚地赞赏他人吧。

3.激发他人的需求

卡耐基金言

从我们来到这个世界上的第一天开始，我们所做的每一个行为，其出发点都是自己，这是因为我们知道自己需要什么。

成功的人际关系的秘诀就在于我们要找到对方的立场，从他的观点说话，像同意自己的观点一样同意他的观点。

一到夏天，我就喜欢去缅因州钓鱼。我最爱的食物是草莓和奶油。但不知为何，对于鱼儿来说，他们却喜欢吃虫子和蚱蜢，所以每次当我提着渔具去钓鱼的时候，我想的并不是我所爱的食物，而是想它们爱吃什么，我并不是拿草莓或奶油作为鱼饵，而是把虫子或蚱蜢放到水里，并问游着的鱼儿说："你想吃这个吗？"其实，钓一个人，让他人为你所用，为何不用同样的方法呢？

"一战"期间，英国首相劳和乔治正是采用了这种做法。战后，有人对他提问，为何他能做到在别的领袖已经退休不闻政事的时候而他却依旧身居要职呢？他的回答是：如果非要为他能做到现在这样的要职而找一个原因的话，那么，就是他知道钓鱼时，鱼饵必须适合鱼的口味这件事。

为什么人们都只喜欢谈论自己的需求呢？那是多么幼稚和不近情理的行为，当然，对于你来说，谈论自己的需要实在无可厚非，你永远都会关心这个问题，但你要明白，别人并不在意，其他人也和你一样，他们也只会关心他们自己。

的确，在这个世界上，只有一个能影响他人的方法，那就是谈论他的需求，并且还要告知他，如何才能获得需求的满足。明天，假如你要他人为你做什么的话，那么，你只需记住，譬如，当你不希望你的孩子抽烟时，那么，别打骂他，只需告诉他，吸烟以后就无法参加棒球队，或是无法取得百米竞赛的胜利。

实际上，无论你是对付一个孩子、一头牛或者是一只猿猴，你都能运用此方法。

比如，一次，爱默生和他的儿子希望家里的那头小牛能走进牛棚，他们和所有人一样，犯了最简单的错误，他们只想到了自己想得到的，却没想到牛的需要……于是，爱默生推，他儿子拉。而那头小牛也和他们的想法一样，也只想它自己所想要的，所以它始终坚持不肯离开它站立的那块草地。

在他们旁边的，是一个爱尔兰的女佣，她看到他们这情形，她虽然不会和爱默生一样写作，但是至少这次，她知道如何应付一头小牛，她了解牛马这些牲口们的习性，她更了解这头小牛需要的是什么。然后，这名女佣把自己的拇指放进小牛的嘴里，让小牛吮吸她的拇指，然后，这头小牛便乖乖地进了牛棚。

从我们来到这个世界上的第一天开始，我们所做的每一个行为，其出发点都是自己，这是因为我们知道自己需要什么。

也许你会问，如果我是在给红十字会捐款呢，也是如此吗？的确，这也不会有例外。这是因为你在做的是一次善举，是一件神圣的事……可是，你捐款的原因有很多，也许是你不好意思拒绝才捐助的，也许是因为一位熟人请你捐款的。但无论如何，有一件事可以确定，你捐款，也是为了让你获得你所需要的。

哈雷·欧瑞福教授在他的一部极具影响力的书——《影响人类的行为》中说："行动是由我们的基本欲望所产生的……无论在商业中、家庭中、学校中、政治中，任何一个想要说服他人的人，给他最好的建议，就是要先激发对方某种迫切的需要，假如他能做到这点，那么，他就能左右逢源，否则，他就会处处碰壁"。

安德鲁·卡耐基曾是个贫穷的苏格兰少年，在那个时候，他的薪水每小时只有两分钱，但成功后的他却捐出了3.65亿美元——这是因为他很早就明白，影响他人的唯一方法就是为他人着想，看看对方需要什么。卡耐基只接受了四年的学校教育，但他却深谙为人处世之道。

在卡耐基身上发生过这样一件事：

他有两个侄子，都在耶鲁大学读书，他们总认为自己很忙，甚至连写家信的时间都没有，然而，他们的母亲却为他们担忧、相思成疾。

卡耐基得知此事后，便打赌说自己能写信让两个侄子立即回信。在信的后面，他附上了一句，说是给他们每人寄上五元钞票一张，当作叔叔给两个侄子的礼物，然而，卡耐基却没有将这五元钞票放到信封内。

果然很快，回信寄过来了，两个侄子表达了对叔叔的谢意，但也提及了自己从未收到这五元钱的事。

还有个例子是关于史坦·诺瓦克的。

诺瓦克先生一家住在俄亥俄州，他最小的儿子吉姆也该上幼儿园了。这天下班回家，诺瓦克先生看见吉姆在客厅的地毯上打滚，问了妻子后才知道，原来吉姆怎么也不愿意第二天去上幼儿园。诺瓦克想，干脆把吉姆关进房间，然后警告他第二天必须去上幼儿园，不然不许出去。然而，到了晚上，诺瓦克先生细细地想了一下，这样做似乎并不能让吉姆喜欢去学校、爱上学习，他又反问自己："假如我是儿子吉姆的话，有什么东西能吸引我的注意力，让我乖乖去学校呢？"

他找来妻子，和妻子一起商量着吉姆的爱好。比如，唱歌、画画、结交新朋友，于是他和妻子到厨房的那个大的桌子上画画，他另外的一个孩子鲍勃也加入了他们，很快，如他所料，吉姆也对他们的活动产生了兴趣，并说自己也想参加，此时，他告诉他："那可不行，你必须先要到幼儿园学习如何画画。"为了让他产生更大的兴趣，他把刚才在纸上列出来的兴趣爱好都用最生动的语言加以形容，当然，他也不会忘记告诉他，这些他感兴趣的事在幼儿园统统都有。第二天，他很早就起来了，当他睡眼惺忪地走进客厅时，却发现吉姆已经穿戴整齐坐在椅子上了。"你这是做什么呢？""等着上学啊，快点吧，我怕迟到了。"他想，他和妻子的努力终于有了成效——让吉姆好好去上学，这一点，是威胁和争论所达不到的。

假如明天你想劝服某人去做一件事，在你还未开口之前，你不妨先反问自己："我如何能使他心甘情愿地去做这件事呢？"这一问题能让你放慢在匆忙之中立即去见人的脚步以及结束我们总是毫无结果地谈论自己欲望的习惯。

一次，我租借了在纽约的一家大型饭店的舞厅，一个季度所需要的时间是二十个夜晚，为的是举行一项演讲研究会。

某一季的研究会快开始的时候，我却接到了来自饭店的通知，他们希望我能付三倍的租金，然而，在那个时候，演讲会的通告已经发出去了，入场券也已经印发了。

当然，对于突然多出来的两倍租金，我是很不乐意的，然而，那家饭店只注意到了他们所需要的，两天以后，我去了这家饭店，见了他们的经理。

我告诉那位经理说："当我接到你们的通知时，确实觉得十分惶恐……当然，我并没有责怪你的意思，我们的立场不同，假如我站在你的角度，也许我也会写出这样类似的信。作为经理，你的职责就是使这家饭店能最大限度地营利。如果你没有这样做，估计你的职位也会不保。现在，我拿出纸笔，将你要坚持加租的所带来的利害之处都写下来。”

接下来，我真的拿出了一张纸，然后拿着笔经过了这张纸的中心点，画出一条线，上端写上“利”，另一端写上“害”。

在标有“利”的那一行，我写上了“舞厅空置”几个字，然后接着说：“很明显，饭店大厅能空出来，然后可以被用来作为跳舞聚会的场地，那将是一笔很可观的收入。不难看出，那样做要比租给一个只是拿来作为演讲场地的人带来的收入多得多，在这一季度里，我占用了你舞厅二十个晚上，那么，你也肯定损失不少。”

我又说：“现在，让我们再来分析这样做的另外一个方面——你的加租要求我无法接受，那么，你的收入肯定会减少。因为我付不起你的租金，我只好选择另外的地方作为演讲场地。可是，另外一个事实就显现出来了，我想你也应该能想到，参加我这个演讲会的都是一些上层社会的知识分子，如果他们能到你的饭店来，那么，对于你来说，是不是一次免费的宣传呢？事实上，即便你拿出五千元来做广告，这些名流也未必会来你的饭店，而这对你来说是一件很有价值的事，是不是？”

在说这话的时候，我把这两种情形都写在了纸上，然后把这张纸交给了经理，又说“我说的这两种情况，希望你能仔细考虑下，当你做了最后决定时，请通知我一下。”

第二天，我就接到了饭店送来的一封信，信的内容是通知我租金加了百分之五十，而不是三倍租金。

这里，请注意，我并没有提到自己的需要便得到了租金减少的通知，在说服他的过程中，我一直谈及的是对方的需要。

在刚开始得到饭店增加租金的通知时，假如我跟别人一样的反应——气愤地冲进这家饭店的经理办公室，然后找他理论："我连入场券都已经印好了，通告也已经发布了，但是你却告诉我要增加三倍的租金，你到底是什么意思？真是太可笑了……太不近人情了，我不同意!"

我这样做，又会怎么样呢？恐怕马上就要爆发一场争论和辩论了。那么，接下来又会如何呢？即使我所指的情形使这位饭店经理已经意识到了自己的错误，可是因为他的自尊心，想要他承认他自己的错误也十分困难。

对于人与人之间如何建立关系的艺术，有一点很好的建议，亨利·福特曾说过这样的话："成功的人际关系的秘诀就在于我们要找到对方的立场，从他的观点说话，像同意自己的观点一样同意他的观点。"

这里，对于福特的话我必须要重复一遍："成功的人际关系的秘诀就在于我们要找到对方的立场，从他的观点说话，像同意自己的观点一样同意他的观点。"这句话里的道理是多么简单和明显，想必任何人都能懂，然而，可以说，大概有百分之九十的人，在百分之九十的事上，都把这个道理疏忽了。

我们的生活里能找到这样的例子吗？不妨看看明天早上你桌

子上的来信吧，你会发现到底有多少人违反了这一常识。下面这封信是出自一家无线电公司的管理员之手，让我们来看看这封信的收件人会产生什么样的反应：

亲爱的布莱克先生：

“我公司希望能在无线电这个行业保持着广告业务的第一地位。”

（谁愿管你的公司的希望呢？我自己也有很多问题需要解决呢！银行就要将我的房产的取赎权取消了……我的花草正在被害虫啃咬……昨天交易市场好嘈杂……早上那趟八点钟的火车我没赶上……昨天乔治家里办了场舞会，但没有邀请我……医生告诉我有高血压……）

“我公司在全国范围内的广告客户，是基础营业网的保障，我公司每年的营业额都名列前茅。”

（“你骄傲狂妄，认为自己有钱，认为自己在行业内是带头人，是不是？但那又如何呢？假如你真的强大到将全国汽车公司、全国电气公司、美国陆军总部联合起来，我也不会理会的。如果你自己也只是一知半解的话，那么，你就应该明白，我所关心的只是我自己如何‘大’，而不是你怎样的‘大’。”）

“我们所希望的是无线电台用最新的消息来服务于客户。”

（“‘你’希望！‘你’希望！我看你就是一头笨驴，我在意的不是注意‘你’所希望的，或是墨索里尼所希望的，或是平克劳斯贝所希望的，我想直接告诉你，我关心的是我自己希望的……但你在你这封不近人情的信里，这样的字一个也没有提到。”）

“所以，你就将我们公司列入优先名单中去吧，并且，在每个星期，只要是对于广告公司在消息登记时有用的每一项细目都供给电台。”

（“‘优先名单’，你总是在替你的公司自吹自擂，你的话让我觉得自己很渺小……你希望我将你列入优先名单，然而，那个时候，你连个‘请’字也不说。）

“即予函复，提供给我们你最近的活动事宜，这样对彼此都有益处。”

（“我看你就是个笨蛋，就这样简单地寄了一封很普通的油印信给我，这种席信又多又普通，就像秋天那些掉落的叶片一样多，你希望的是当我正在为房产抵押烦恼、血压飙升的时候还坐下来单独去回复你那封普通的信，而且你还要我‘即予函复’。‘即予’是什么意思？难道你不知道吗？难道我就不忙吗？我来问问你，谁给你的权力来吩咐我？你还对我说‘这样对彼此都有益处’，到最后，你才说了这么一句涉及我的话，可是究竟怎样对我有益，你却没提及，并未详细说明。）

“再启者，随信附上《布莱克维尔报》的复印本，假如你愿意在广播电台播放的话，可供参考。”

（“在你这一则附启中，你讲了能帮助我解决问题的事，但是你为什么不在信的开端说呢？然而，这样又有什么用呢？任何一个广告公司的人，假如也犯了和你一样愚蠢的错误，那么，他一定脑袋有问题。”）

如果有个一生致力于广告事业的人，他自以为有影响他人的力量，可是写出那样的一封信来，我们如何能给他更高的估价呢？

这里，还有另外一封信，写信人是一位规模很大的货运站的总监，收信人是研究会讲习班里的一个学员夫姆雷先生。对于收信人来说，这封信会产生什么影响呢？我们还是先来看看信的内容：

首雷格公司

前街二十八号，

布鲁克林，纽约

致，爱德华·夫姆雷执事先生：

我们公司的卸货总站，因为很多货物都要在傍晚时分才会送到，使得工作效率降低。因为这样会引起货运停滞，导致我们的员工延迟工作时间，影响卡车运送效率，结果导致交货缓慢。

11月10日，我们收到了贵公司交运的510件货物，送达的时间是下午4点20分。

为了尽量减少因货物迟交而带来的不良影响，我们希望能得到贵公司的通力合作，比如，以后在接收货物时，能否尽量提前来我们公司，或者将货物的一部分先送到这里？

这项措施，也将有助于贵公司的业务，因为那样卡车能在卸货后迅速发车，立即回到贵公司。

总监某某谨启

首雷格公司的推销主任夫姆雷先生在看了这封信后，做了一些注解，然后拿来给我看，注解的内容大致是：这封信所造成的后果，与对方的原意大相径庭。在信的开始部分，道明了对方货运站的困难，一般来说，我根本不会在意这一点，可是他们好像根本没有想到一个问题，我们是不是方便呢？在信的末尾一段，总算提到了对我们有利的一面：我们的运输卡车能迅速返回，并且他们会保证做到这一点。

也就是说，我们真正关心的事，在信件的最后部分，这丝毫让我们看不到他们想合作的意愿。

现在我们看看，这封信是否能改写得更完善些呢，在此，我们不用再浪费时间来谈及这个问题了，就像亨利·福特曾经说过的，“成功的人际关系的秘诀就在于我们要找到对方的立场，从他的观点说话，像同意自己的观点一样同意他的观点。”

这是一种修正法，或许不是最好的，但是不是能有所改善呢？

首雷格公司转交夫姆雷先生，

前街二十八号，

布鲁克林，纽约

亲爱的夫姆雷先生：

十四年来，贵公司一直是我们所欢迎的好顾客，你们对我们的照顾，让我们十分感激，并且，我们愿意提供更完美的服务。然而，要抱歉的是另外一件事，是关于贵公司的运输卡车，就像11月10日那天发生的一样，到了傍晚才交货，我想那个时候这种服务就不大可能发生。

导致这种情况出现的原因是什么呢？因为和你们一样，也有很多其他客户在傍晚时交货，这难免造成停滞的现象，影响运作效率。当然，贵公司的运输卡车，难免也会在那个时候在码头受阻，这就是为什么货会延迟下来的原因。

这种情况实在太糟糕了，但是又该怎样避免呢？假如可以的话，我们想请贵公司在上午有时间的情况下能把货物送到码头，这样便不会造成拥堵的现象，卡车也能迅速流动。而且，我们的员工也能准时下班回家，也就能享受到由贵公司提供的鲜美面条了。

在阅读完这封信后，请别介意，这封信的目的并不是对贵公司的业务有不满之处，我们所希望的是我们能对贵公司提供更有效的服务。无论贵公司的货物何时到达，我们都会竭诚为您服务。

我知道你们业务很忙，请不必着急回信。

总监某某谨启

现在，每天都有很多的推销员，他们踏破铁鞋、疲惫不堪，但回报却很少，他们内心徘徊，这是什么原因呢？这是因为他们永远只是在为他们要推销的产品说话，而忽略了他们的客户是不是真正需要他们所推销的东西。

对于我们来说，假如我们真的需要什么东西的话，我们会自己主动去采购，而不是被动地接受别人的推销。如果向我们推销产品的某个推销员，他在服务、产品质量上都能为我们考虑，能帮助我们解决问题，那么，他不必费尽唇舌推销，我们就会购买。客户喜欢自己主动购买，而不是被动接受。

然而，有不少人，他们倾尽一生的时间都没弄明白一个问题：销售工作只有站在买主的立场上才能取得成功。

现在，我自身还有这样一个例子：

几年前，我住在纽约市中心一个叫“森林社区”的住宅区。有一天，我正要去车站的时候，恰好碰到了一个代理我所居住的小区的房产的经纪人，他对“森林社区”十分熟悉，所以我随口问了一下他我所住的房子是用钢筋还是空心砖做成的，他的回答是：“不知道。”然后，他递给我一张名片，并告诉我希望我可以打电话给他。

第二天，我却接到了这位房产经纪人的来信，他在信中提到了我所问的问题了吗？没有。实际上，这个问题在电话中他只需要花一分钟时间便可以说清楚，但是他也没有。他并没有回答我想知道的问题，而只是希望我能帮他的忙。

对于这名房产经纪人，我想我该送给他两本梵许·杨著名的小册子——《去赐予》和《幸运的分享》。我想，假如他能细心研读这两本书中的哲学，他应该会有所收获，收入方面也会有所增加。

即便是那些专业人士，也会在这个方面犯同样的错误……那是发生在几年前的一件事。一天，我去了费城的一家咽喉诊疗室，在他替我诊治前并没有问及我的病情，反而问我是做什么工作的，很明显，他更关心的是我钱包里的钱，而不是如何帮助为我解决病痛。当然，最后，他什么也没得到，因为我放弃了他给我的治疗，径直离开了他的治疗室。

在我们生活的周围，确实有这样一些自私和只会攫取的人，然而，真正收获更多利益的是那些不自私的、懂得为他人服务的人。欧文·杨曾经这样说过：“一个人假如能设身处地地为他人着想，能了解他人的意念活动，那么，他是不必太过担心未来的前途的。”

阅读这本书，假如你能明白一件事——永远应该站在别人的角度去思考，去观察事情发展的动向，并且真的能做到这一点，那么，你就获得了一生事业转折的关键。

生活中有不少人接受过大学教育，也钻研过深奥的学问，然而，他们从未用心去观察自己和他人的心是如何起作用的。

一次，我要为一些刚从大学毕业、为一家冷气装置公司工作的年轻职员做演讲，演讲的课程是《有效力的演讲术》。我找出了一项资料，并打了个比方：

一个人想要另外一个人去打篮球，他是用这样的话来劝说别人的：“我希望你去打篮球，我也喜欢打篮球，可是，前几次我去体育场打球的时候，因为人数不足的，无法分队对打。那天晚上，我们两三个人玩投球游戏……一不小心，我的眼睛被砸到了，受伤了。不过明天晚上，我希望你能来，我还是想打球。”

这段话里，他有没有说过：你需要些什么呢？其实，他完全可以说一些激发精神、加强食欲、清晰头脑、消遣、游戏等活地。

这里，我们有必要再次提及哈雷·欧瑞福教授的见解：“任何一个想要说服他人的人，给他最好的建议，就是要先激发对方某种迫切的需要，假如他能做到这点，那么，他就能左右逢源，否则，他就会处处碰壁。”

在研究会训练班中，有这样一个学生，他总是为他孩子的饮食问题感到忧心忡忡：因为这个孩子身体不大好、不肯吃东西，体重一直很轻。为此，父母经常责骂他，希望他多吃，快快长大、练就强壮的身体！

这个孩子会听他的父母的话吗？他根本不会在意，就像摆在你面前的是一次盛宴，但却与你无关，你自然也不会去在意。

任何一个希望自己的3岁的孩子能听从自己的见解的父亲都是毫无常识的，然而，这位父亲最后也发现自己那样做是毫无情理的，所以，他反问自己："我的儿子需要些什么？如何才能在我需要的和他需要的东西之间架起一座桥梁呢？"

当他把注意力放到这里时，问题就好解决了，他发现，他的儿子有一辆脚踏三轮车，并喜欢在门前的人行道上骑着这辆车玩，他的邻居家有一个很坏的大孩子总是把他儿子从车上赶下来，然后自己骑起来。

每次，他儿子都哭着跑回家，把被欺负的事情告诉自己，他母亲从屋里出来，将邻居大孩子从车上拉下来，再让儿子坐上去，这样的情形，在他儿子身上，经常发生。

这个小孩子到底需要什么呢？其实这个问题很好考虑，他需要的是自尊，为此，他对大孩子欺负自己的行为感到很愤怒，他要求自重感的欲望驱使他想痛击这个很坏的孩子。假如他的父亲告诉他，只要多吃点母亲做的东西，他就能很快长大、变得强壮起来，他就能将那个很坏的大孩子打倒在地。那么，这个孩子很快就不会挑食厌食了，无论是蔬菜、水果，还是肉食，他只希望自己能快速长大，去报复那个一再欺负他的"暴徒"。

在这个问题解决后，这位父亲又感到头疼了，因为这个小男孩还有一个坏习惯——遗尿。

小男孩每天会跟祖母一起睡，到早上祖母醒来的时候，会习惯性地摸一摸床单，然后摇摇头，对自己的孙子说："乔治，你看你昨晚又干什么了？"

小男孩总是狡辩："那不是我尿的，是你尿的。"

为此，父母骂过他，也打过他，他的母亲也曾多次告诉他不要那样做了，但是乔治始终没有改掉这个坏习惯。乔治的父母因此感到很伤脑筋，他们经常会问彼此："到底该怎样做才能让乔治这孩子改掉遗尿的坏习惯呢？"

乔治到底想要什么呢？他们很快想到了答案：第一，他想要一件睡衣，就像父亲穿的那样，而不是母亲那样的睡衣，他的祖母早已经因为他遗尿的坏习惯烦透了，因此，她很乐意帮乔治买一件睡衣；第二，乔治希望自己像个大人一样有自己的睡床，这一点，祖母也同意。

于是，接下来，母亲带乔治来了一家百货公司，然后告诉售货员可以推荐给自己的儿子一些东西。

女售货员立即明白了母亲的意思，然后他走向乔治，对他说："年轻人，你想购买些什么呢？"

乔治此时很骄傲地抬起头和他的脚后跟，然后也提高了他的声音，告诉售货员："我想要为自己购买一张床。"

当乔治看到自己喜欢的那张床时，母亲向售货员使了个眼色，售货员很快会意，然后说出乔治看上的这张床是多么可爱和富有个性。乔治最后决定让母亲把这张床买下来。

这天晚上，百货公司就将床送了过来，乔治飞奔到门口，很欢快地说："爸爸，爸爸，你快出来看啊，那是我自己购买的床。"父亲也赶紧出来，很努力地点了点头，以表示对乔治的赞扬。

然后，他对乔治说："乔治，我想你不再会尿湿这张床了，对吧？"

乔治赶紧摇了摇头，对父亲说："哦，不，我不会再尿湿了。"当然，因为自尊心的关系，乔治遵守了自己的诺言……乔治再也不遗尿了，因为那张床是他自己买的。现在，乔治每天晚上上床前都会穿上新买的睡衣，像个大人一样入睡，从前他就是这样想的，现在他做到了。

还有一位父亲，他是一位电话工程师，他也在我的训练班里学习。让他烦恼的是，他有个3岁的女儿，这个小女孩总是不肯吃早饭，这让他很苦恼。他使用了很多办法，比如哄骗、责骂等，但都无济于事。

在这个小女孩的眼里，像母亲一样做就说明自己长大了。这位父亲察觉到了女儿的心理，所以一天早上，他把自己的女儿放到了厨房的一个高高的椅子上，让她像她的母亲一样做早餐，这也正是小女孩所想做的。

当他走进厨房时，小女孩看到了自己的父亲，雀跃地叫着："爸爸，你看，我在做早餐呢。"

父亲赞扬了她。就是这个早上，这个小女孩在没有任何人的哄骗下，乖乖地吃了两大碗饭。因为在做早饭的时候，她感到自己很重要，找到了表现自己的机会。

威立姆·温德曾说过这样一句话：“人性里最主要的需求就是自我表现。”然而，我们在为人处世中，为什么不运用同样的心理学呢？

第二篇

平安快乐的所有秘密

4.你就是唯一

卡耐基金言

人们往往对自己设限，因此只运用了自己身心资源的一小部分。实际上，我们拥有的资源很多，但却没有成功地运用。

在这个世界上，可能会有个和你完全一样的人，但存在的概率只有三百万亿分之一。

我有个熟人，她叫艾迪斯·阿尔雷，她住在北卡莱罗纳州。一次，她给我写了一封信，信的内容是这样的：

很小的时候，我是一个羞涩、敏感的女孩，我身形肥胖、脸颊上有很多肉，这让我显得更臃肿了。我的母亲是个很古板的女人，在她看来，把衣服穿得很合适是一件愚蠢的事，这样也容易把衣服撑破，所以她一直让我穿那些宽大的衣服。

我很自卑，从来不敢参加任何朋友的聚会，在我身上也没发生过任何让我开心的事，同学们组织的活动我也不不敢参加，甚至就连学校的运动会我也不去。我太害羞了，在我看来，我肯定是与别人不一样的。

成年后，我很顺利地结了婚，我的丈夫比我大几岁，但我还是无法改变自己。我丈夫一家子都很自信，我也一直想要和他们一样，但我根本做不到。他们也曾几次努力想要帮助我，但结果还是未能如愿，我变得更害羞了。我开始紧张、易怒，不敢见任何朋友，甚至门铃一响我就紧张起来，我想我真是没救了，我怕丈夫察觉出来这个糟糕的我，我尽量装得开心一点，有时候还表现过火了，因为事情过后我都觉得自己累得快虚脱了。最后，我开始怀疑自己是否应该继续活下去，于是，我想到了死亡。

当然，艾迪斯太太并没有自杀，那么，是什么改变了她的想法呢？只是她偶然听到的一句话。在给我寄来的那封信里，她提到了此事：

改变我自己和我的生活状态的，只是偶然间我听到的一句话。这天，我和婆婆谈到了教育的问题，她谈到自己的教育方法："无论我的孩子遇到什么，我都告诉他们要保持自我本色。"

"保持自我本色。"这简短的一句话就像一道光从我的脑海中闪过，我突然发现，原来在我看来所有的不幸都只是因为我把自己放置到某个模式中去了。

听到这句话后，我瞬间发生了改变，我开始遵循着这句话生活，我努力认清自己的个性，找到自己的优点，我开始学会如何按照自己的喜好、身材去搭配衣服，以此穿出自己的品位。我开始主动走出去交朋友，我开始加入一个小团体中，每次当大家叫我上台参加某个活动时，我都鼓足勇气。慢慢地，我大胆了很多，这是一个长期的过程，但我确实发生了不少的变化。我想，当我以后教育我的子女时，我一定会告诉他们我的这一段经历，我希望他们能记住：无论何时，都要保持自我本色。

关于这一问题，其实历史已经十分久远了，詹姆斯·戈登·基尔凯曾指出一点："这是我们全人类的问题。"事实上，不少在心理和精神上的问题，追根究源，都是因为他们做不到保持自我。安吉洛·佩吉还曾写过13本书以及几千篇关于儿童训练的文章，对待这一问题，他曾说过："对于任何人来说，最糟糕的就是不能成为自己，并在身体和心灵中保持自我。"

然而，在好莱坞，模仿他人的现象越来越严重。好莱坞著名导演山姆·伍德曾说，对于他来说，最头疼的事就是让那些年轻的演员保持自我，他们每个人都想成为翻版的拉娜·特勒和克拉克·盖博，可是观众想要点"新鲜的味道"，而不是那种他们已经"尝过"的。

其实，在导演《别了，西普斯先生》和《战地钟声》之前的很多年，山姆一直在从事房地产，因此，多年的销售经验让他有着销售员的个性，他认为从事电影行业也是如此。他明白，模仿别人只会一事无成，在演员的挑选上，他的原则也一直是"尽量不选用那些总是模仿他人的演员，这是最保险的。"

在我和保罗·伯恩顿的谈话中，他回答了我一个问题——求职者通常会犯的最大的错误是什么？我之所以会问这个问题，是因为我知道他曾面试过的人不止六千，而且，他还曾为此撰写了一本《求职的六大技巧》，所以我认为在这个问题上他应该有比较深刻的见解。他的回答是："他们通常会犯的最大的错误，就是做不到保持自我，在回答我的问题时，他们不够坦诚，只说出他们认为的我会满意的答案。"可是那样是毫无用处的，因为那些不真实的、虚伪的答案是无法打动人的。

威廉·詹姆斯曾说过这样的话："一般人的心智使用率不超过百分之十，很多人都不了解自己到底还有些什么才能。人们往往对自己设限，因此只运用了自己身心资源的一小部分。实际上，我们拥有的资源很多，但却没有成功地运用。"

既然我们有那么多未被开采的潜能，那么，你又何必担心自己不如别人呢？你要明白，在这个世界上，不会有第二个你，现在没有，以后也不会有。这一点，我们能从遗传学书籍中找到证据。我们每个人都是由父亲和母亲各自的23条染色体组合而成的，决定我们遗传的，就是这46条染色体，每一条染色体中还有数百个基因，任何一条单一的基因又能影响甚至改变我们的一生，这就是令人敬畏的人类生命的形成。

当相爱的父母孕育了你以后，在这个世界上，可能会有个和你完全一样的人，但存在的概率只有三百万亿分之一。实际上，即便这个人存在，他也都与你不同，这绝不只是猜测，假如你不相信的话，那么，请你翻看这方面的书籍吧。

我想，我很有资格谈论这个话题，因为在这方面我有深切的体会，确切地说，这是一次痛苦的教训，我也为此付出了代价。那个时候，我从密苏里州的农村来到纽约，我想报名去美国的戏剧学院学习，因为这样我能更快地成为一名演员，这是获得成功的一个捷径，我为自己的聪明机智窃喜，要知道，这么简单的道理，怎么别人想不到呢？我找到了更为便捷的方法——模仿当时名声大噪的演员，把他们身上的优点都学习到。现在想想，这是多么愚蠢的行为啊，我在这件事上竟然浪费了几年的时间，后来，我才明白一个道理，我不会、也无法学习成为任何人，我所能成为的只有我自己。

对于我来说，那是一次惨痛的经历，可能你会认为从此我再也不会模仿别人了吧，然而，我不得不承认我是愚蠢的，这样的错误我又犯了一次。那个时候，我要写一本关于公众演说的书，我想，干脆借用其他书中的想法，然后将其汇集到一起。接下来，我按照自己的想法，花了一年时间去做这件事，这样我的文章就形成了。此时，我觉得自己就像个傻瓜，我写出来的文章枯燥乏味，是没有人会欣赏的，于是，我把这一年的工作成果都丢进垃圾篓里，从头再来。

美国作曲家欧文·柏林曾给后期作曲家乔治·格西文一个忠告：做你自己吧！在柏林与格西文第一次见面时，柏林是个已享盛誉的作曲家，而当时的格西文却依然是个名不见经传的年轻作曲家，不过，他有着出色的才华，柏林也发现了这一点，于是，柏林以高出格西文平时薪水的三倍来聘请他做音乐秘书，可是柏林也劝说格西文："别接受我的聘请，假如你接受了，你只能成为柏林第二，但如果你拒绝了，仍坚持你现在自己做的，那么，我相信有一天，你能成为一流的格西文。"

格西文深知柏林话中的意思，他按照自己的想法一直努力着，终于有一天，他成为了美国当代极具影响力的作曲家。

我们熟悉的查理·卓别林，以及很多像他一样成功的人，都曾和我一样为模仿他人付出代价，不过最终吸取到了教训。

在卓别林开始当演员的时候，导演让他模仿当时的著名影星，结果他一事无成，直到他后来明白这个道理、成为自己以后逐渐获得成功。鲍勃·雷柏也有类似的经历，在他成名前的很多年前，他都在唱歌和跳舞，一直未发挥自己特殊的才能。

明星玛丽·玛克布莱德第一次走上荧屏时，她努力模仿一位爱尔兰明星，但却失败了，后来，当她尝试着以乡村姑娘的本来面目示众时，她才慢慢走红。

吉瑞·奥特利一直不喜欢自己的得州口音，他希望自己能像个城市人一样被人尊重，为此，他开始像个城市人一样说话、穿衣，并对外宣称自己是纽约人，但这招致了别人背后的嘲笑。后来，他重新拿起自己的三弦琴，开始演唱自己熟悉的乡村歌曲，走在这条独特的道路上，他才成为了美国后来受人欢迎的牛仔。

自从你来到这个世界上，你就是独特的，你应当为此而雀跃，你应该善于运用自己的天赋。其实，那些所谓的艺术，也都是对自我的一种体现而已，你能唱的、画的也都只有你自己，造就你的只有你的经验、环境和遗传。无论如何，你只要好好打理你的后院，无论如何，你只有在你生命的舞台中演奏好自己的乐器，才能活得精彩。

爱默生在他的短文《自我信赖》中说过这样一段话：

无论是谁，总有一天，他会明白，嫉妒是毫无用处的，而模仿他人简直就是自杀。因为无论好坏，能帮助我们的，只有我们自己，一个人只有耕好自己的一亩三分地，才能收获自家的粮食。你自身的某种能力是独一无二的，只有当你努力尝试和运用它时，你才能真正感受到这份能力是什么，也才能体味它的神奇。

诗人道格拉斯·马洛奇曾说：

如果你觉得自己无法成为山峰上的一棵挺拔的松树，

那么，就做一棵山谷中的灌木吧！

但你要做一棵溪边最好的灌木。

如果你认为自己不能长成一棵参天大树，

那就做一片灌木丛林吧！

如果你认为自己不能成为一片灌木丛林，

那为何不做路边的一棵小草，给道路带来一点生气呢？

如果你认为自己做不了麋鹿，

那么，做水里的小鱼也不错，

不过希望你是最活跃的那一条！

不可能人人都当船长，总有人要当船员，

每个人都得各司其职。

无论是大事还是小事，

我们都要完成自己分内的工作。

做不了大路，羊肠小道也很好，

无法成为太阳，当颗星星也不错。

成败不在乎大小——

只在于你是否已竭尽全力。

平安快乐的第一原则就是：

切勿模仿他人，

发现自我，保持自我本色吧！

5.养成良好的工作习惯

卡耐基金言

任何一个人，都绝非生来就有某种恶习，只是在后天的生活中逐渐形成的。

所以，如果你不想让自己过度劳累的话，那么，你最好从现在开始就养成良好的工作习惯。

一些不良习惯对于我们并没有严重的危害和冲击，而有些则是影响我们成功的大敌。对于后面一种，我们一定要努力改正、坚决摒弃，否则，这些恶习将会是我们成功的绊脚石。

1.不良的工作习惯之一：乱七八糟的办公桌

芝加哥和西北铁路公司的总裁罗兰·威廉斯曾说："如果你是一个总是把办公桌弄得乱七八糟的人，那么，你可能有这样的经验：一天，假如你把办公桌整理干净了，只保留一些与工作有关的东西，这样你的工作效率会提高很多，而且不会出错。可以说，这是高效工作的第一步。"

如果你去过华盛顿的国会图书馆，那么，只要你抬头，你就能看到天花板上那几个醒目的大字：秩序是天国的第一要律。说这句话的是诗人波普。

除了波普说的天国以外，秩序也是商界和生活中的第一要律。你觉得事实真是如此吗？假如你细心一点，你就会发现，曾经堆满了你办公桌的文件和资料，并不是你所需要的，有的文件甚至你已经几个星期没“光顾”过了。新奥尔良的报刊发行人告诉我，一天，他的秘书说要帮他清理一下办公桌，但最后却无意中发现了曾失踪两年的打字机。

当你的办公桌上被很多文件、文具堆满时，就会让你产生很多负面的情绪，比如烦恼、慌乱、紧张等，更糟糕的是，一个人如果总是有很多未办事项，那么，他就会陷入担忧中，进而感到劳累，身体也可能会敲响警钟：高血压、心脏病和胃溃疡等。

在曾经的美国药剂协会上，美国宾州大学药剂研究教授约翰·斯托克教授宣读了一份名为《机能性神经衰弱所并发的器官病变——病人的心理状态需要什么？》的报告，在这份报告中，他列举了十一种情况，第一种便是“强迫性履行义务的感觉，以及没完没了的一大堆待办事项。”

然而，你可能会感到疑惑——“毫无止境，做不完但又必须做”的这种感觉怎么可能通过清理桌面这一简单的方法就能避免呢？对于那些“待办事项”，必须要处理掉吗？答案是否定的，著名的精神科医生威廉·萨德勒为这件事举了一个例子，他的一个病人，就是用这个方法免除了精神崩溃。

萨德勒的这位病人是芝加哥一家大公司的高级主管。第一次，他来见医生萨德勒的时候，他整个人都显得疲惫不堪、紧张、闷闷不乐，他太忙了，他也知道自己现在的状态不好，他不想工作，但却又停不下来，他需要医生的帮助。

在这位病人提及自己的病情时，萨德勒医生办公室的电话响了。后来，萨德勒医生这样陈述自己的这次诊治经历：“电话是医院打来的，我做事不喜欢拖延，无论什么事，都会立即作出决定，马上解决问题。电话挂断后，我意识到我的病人在等我，想继续听他陈述病情，但电话又打来了，又是一件火急火燎的事，我又费尽唇舌去解释。然后，又有一位同事来到我的办公室，向我询问一位重病患者的治疗意见，我在跟他谈论完以后，发现病人一直坐在我的对面，我觉得有必要向他道歉，因为他等得太久了，大家都很忙。但是这位病人却表现得十分愉快，和刚开始进我办公室时的表情完全不同。”

“不用跟我道歉，医生。就在你处理其他事的这十分钟内，我似乎找到了让我痛苦的地方，我想我有必要在回去以后改变一下我的工作习惯。然而，在我离开这里之前，能不能让我参观一下您的办公桌呢？”萨德勒医生感到十分诧异，但还是拉开了自己的抽屉，这位病人发现，在医生的办公桌里，除了一些简单的文具外，没有任何其他的东西。

“请您告诉我，平时那些要处理的文件您都放在哪里了？”病人问萨德勒医生。

“都被我处理完了。”萨德勒回答。

“那么，那些需要回复的信件呢？”

“都已经回复了。一直以来，我都以不积压信件为原则，只要一收到信，我就告诉秘书，必须立即处理。”

就在六个月以后，这位主管邀请萨德勒去他的办公室参观，令萨德勒感到吃惊的是，这位主管的办公室整个改变了，尤其是他的桌子变了，他打开了抽屉，里面再也没有任何待办文件，然后他告诉萨德勒："就在见您之前，我有两间办公室、三个办公桌，在办公室里，到处堆满了文件，从您那儿回来以后，我就赶紧处理了一卡车的旧文件。现在，您也看到了，我只有一间办公室和一张办公桌，每次信件来的时候我就立即处理，不再有忙不完的工作了，我也不会感到烦忧，最奇怪的是，我也好像痊愈了，不再觉得自己的身体有什么问题了。"

前联邦最高法院院长查理·伊文凡说："一个人，不会因为繁忙和劳累而死去，但却会因为烦愁和放荡而死去。"的确，一个人放荡的话，他的精力会被消耗，然而烦愁会让人觉得自己的工作始终没做完，这确实很有害。

2.不良的工作习惯二：做事不分轻重缓急

亨利·杜赫是一家遍布全美的都市服务公司的创始人，他曾说过一句话：一个人如果有了以下两种能力——思考的能力和分得清事情的轻重缓急的能力，那么，他就具备了千金难买的能力。

查理卢克曼在经过了十二年的努力后，终于成为了派锁公司的总裁，起初他身无分文，现在拥有年薪十万的职位，另外还有上百万的收入。他将自己的成功归结为拥有杜赫提到的两种能力，卢克曼说："每天早晨醒来，大概五点钟的时候，是我觉得思考力最好的时候，而接下来，我会计划一天内要做的事。"

弗兰克·贝特格是全美国最成功的保险推销员之一，每天早上还不到五点的时候，他就知道自己这天该做什么了，因为头一天晚上他已经做好计划了，他会定下第二天要达到的销售额，当然，如果没有达到的话，就安排到第三天。

长期的经验告诉我，是没有人能总是按照事情的轻重缓急来做事的，但按照事先的计划来做，总比毫无章法、想到什么做什么强得多。

如果大作家萧伯纳没有为自己定下严格的写作要求——每天必须写出5页的文字的话，那么，我想他大概永远都只会是银行的一名普通员工，长达九年的日子，他才赚到了三十块的稿费。不过，一直以来，他都将写作当成最重要的事情去做，最终，他的梦想达到了，他成为了举世闻名的作家。《鲁滨逊漂流记》中，即使被漂流到黄岛上的鲁滨逊每天也都记得为自己制定一个严格的作息时间表。

3.不良的工作习惯之三：不是马上处理问题，而是将问题搁置一边

赫威尔是美国钢铁公司董事会的成员之一，他曾经是我的学生。一次，他告诉我，他参加的董事会常拖拖拉拉，被董事们提出来的问题很多，但被解决的却很少，大家都会把问题遗留下来，甚至把一大堆报告带回家研究。

后来，赫威尔对董事会提出了一个建议：一次只提出一个问题，在问题没有被解决之前，不提第二个问题，会上的事绝不拖延。也许在通过某个事项之前需要查找一些资料，但在第一个问题得到真正解决之前，不讨论第二个问题。果然，这个建议显现出了效果：备忘录上很多有待处理的事项都被解决了，也不再有很多被标记的需要处理的事情，大家每次离开会议室前也不再抱着一大堆的资料了，更不用被那些没有处理的事弄得心神不宁了。

除了这家钢铁公司之外，其实我自己也一直在使用这一方法。

4.不良的工作习惯之四：不懂组织、授权和督导

在我们周围的工作中，不少人常常因为不知如何授权，最终不得不失败。这些人太忙了，他们总是事必躬亲，什么事都自己处理，因此，他们好像总是感到十分紧张、急躁和烦愁。我也明白，命令别人去做某件事是不容易的，至少我是这样的人，然而，作为一名主管，还是要明白如何委派他人，否则你只能疲于奔命、劳而无功。

一个人，如果身居某家大企业的主管职位，如果他不懂得授权、组织和督导的话，那么最后他的悲惨下场就是死于心脏病，因为他长期被烦恼的情绪笼罩着。

所以，如果你不想让自己过度劳累的话，那么，你最好从现在开始就养成良好的工作习惯。

你要记住：

清理你的桌面，那些与日常工作无关的东西请清除掉；

按照事情的轻重缓急去处理；

遇到问题，别拖延，要立即解决；

学会如何组织、授权和督导。

你不能忘记的一点，要想获得快乐，并不是别人帮你获得，也不在于你拥有什么，而在于你的思维和大脑。因此，每天早上，当你睁开睡眼的时候，请你想想那些应该感恩的人和事，因为你的未来的一大半由你的思想决定，所以，让你的心中注满希望、自信、快乐与成功的想法吧。

养成良好的工作习惯能帮助你获得快乐。

6.你为什么感到如此疲劳

卡耐基金言

假如你正在做的是一项脑力工作，那么，让你感到疲乏的可能并不是那些你已经做完的工作，而是你还未做的事。

去思考那些我们应该思考的事，工作的时候，也许你就不会感到那么厌烦了。

引起倦怠的主要原因之一就是倦怠感，接下来，爱丽丝小姐的经历能证明这一点。

爱丽丝在一家公司上班。一天，当她下班回家时，她感到自己已经疲惫不堪了，她觉得自己头痛欲裂，甚至连晚饭都不想吃了，但母亲一直催她吃饭，无奈之下，她只好下楼，然后坐到了餐桌前。然而，就在此时，她男朋友打来了电话，顿时，她来了精神，赶紧冲上楼，换好了衣服就出门去了，她一直玩到凌晨三点才回家，但是她依然看起来神采奕奕，丝毫不感到疲惫，甚至还因兴奋过度而无法入睡。

爱丽丝的两种截然不同的表现足以说明一个问题：白天八个小时的工作是不是真像她说的那样疲惫不堪呢？

的确是的，因为她对她所从事的工作感到厌倦了。其实，我们身边又有多少个爱丽丝呢，也许你就是其中之一。其实，相对于身体上的操劳来说，情绪上的态度更易让人产生疲倦。就在几年前，乔瑟夫·巴马科博士在他的《心理学档案》中发表了关于这一问题的报告，阐述了人的疲倦是如何形成的，巴马科博士找来了一些被实验的学生，这个实验是枯燥的，在这个过程中，学生们都感到坐立不安，抱怨头疼、胃疼或者视觉疲劳，这些是不是想象出来的呢？当然不是。巴马科博士对这些学生进行了新陈代谢的检测，结果发现：如果一个人感到疲惫的话，那么，他的血压和氧的消耗量会显著降低，而当他们觉得工作有趣味、有吸引力时，代谢速度就会加快。

其实，对于这一点，我也亲身体会过。前一段时间，我去了一次加拿大的落矶山，那里有一片很美的路易斯湖，接连好几天，我都去了那里的珊瑚湾钓鱼，一路上，我在高过头顶的灌木丛和倒在地上的横木之间穿梭，接连不断、超过八个小时的颠簸后，我终于到达了目的地，可是我一点儿也不觉得累，这是为什么呢？因为一想到我即将得到的劳动成果——6条彪悍的大鳟鱼，我就兴奋无比，即便我对钓鱼并没有多大的兴趣。也许你会认为在海拔7000英尺高的地方，一定会把我累坏了。然而，如果有厌倦感，那么，这绝对会比登山更容易让人疲劳。

身为某储蓄银行的总裁金曼先生曾告诉我一件事：

1953年7月，加拿大政府下达了一个指令：希望加拿大登山俱乐部提供一些专业人士对威尔斯亲王的森林警备队进行训练，而金曼先生正是被选到了这些指导人员中。所有的指导人员年纪都在42~59岁之间，金曼先生和他们一起，带上了年轻的队员们一起踏上征途。这一路太艰辛了，他们先后穿过了冰河和雪地，又攀登40米高的悬崖峭壁，有麦克峰、总统峰，还有落矶山脉中几个不知名的小山谷，在经过15个小时的登山活动后，这群队员个个累得筋疲力竭。

那么，这些人之所以疲劳，是不是因为他们肌肉训练过度呢？难道他们没有接受指导人员的肌肉训练吗？当然不是！他们之所以感到疲乏，是因为他们不喜欢登山，甚至有几个队员在没进食的情况下就累得睡着了。相反，那些年纪比他们大几倍的指导员们却不是如此，登山训练对于他们来说累不累？当然累！但是他们并没有感到精疲力竭，在吃过晚饭后，他们还坐在一起谈论白天的登山经历。他们没有那么累，是因为他们喜欢爬山。

哥伦比亚的爱德华·桑代克博士做了一项关于疲劳的实验，研究对象是一群年轻人，他们被安排了一些令人感兴趣的事务，最后，他得出的报告结论是——降低工作能力的唯一原因就是厌倦的情绪。

假如你正在做的是一项脑力工作，那么，让你感到疲乏的可能并不是那些你已经做完的工作，而是你还未做的事。打个比方，你的工作总是被人打扰，你等了很久的信件也没有回音，商务会谈取消了，太多的麻烦事接踵而至……就在那一天，所有的事都看起来让人心烦，你好像很多事都没有做好，因此，在你下班回家后，你唯一感到的就是累垮了，头痛欲裂。

然而第二天，办公室里所有的事情都被你处理得十分妥当，你在这一天做的事比前一天多出好几倍，但是即便如此，在回家的时候你依然感到精力充沛，丝毫不觉得累，我想你一定有这样的经历，其实我也是。

因此，我们可以得出的结论是，真正让我们感到疲劳的并不是工作，而是挫败、烦躁的情绪。

在书写这段文字的时候，我刚刚看完一部重映的音乐戏剧电影，电影名为《游戏船》。在电影中，有艘叫“棉花号”的游戏船，安迪是这艘船的船长，他在插曲中说了一段很有哲学味道的话：“一个人如果能做自己喜欢做的事，那么，他是幸运的。”的确，这些人在工作的时候，能感到幸福，会充满活力，也没有忧愁和疲劳。有了兴趣，就有了动力，就像一位先生和他唠叨的妻子共同步行在一段路上，要比和他知心的朋友共同走十英里还累呢。我们接下来再看一个例子：

在美国的俄克拉荷马州的一家石油公司，有一位女速记员，她每天的工作就是处理那些枯燥无味的东西，比如填写租约表格、整理统计资料等，这些工作实在太乏味了。为了让这些工作变得有趣点，让自己不感到那么累，她决定跟自己玩个小游戏、与自己比赛。早上，她会计算自己完成了多少表格的填写，下午的时候，她会努力超过这一成绩，然后再对这一整天的工作量进行计划，而第二天她会想方设法做得更好。她一直坚持这样做，到最后，她发现自己比其他的速记员做得都快，她为此获得的当然不是感谢和称赞，更不是加薪、晋升，而是激励和鼓舞，她对原本枯燥的工作也不感到那么厌烦了。因为她的努力使原本枯燥无味的工作变得有趣多了，而且，她自身也充满了活力，对工作更有激情，每次工作结束后，她都觉得自己获得了快乐和享受。

接下来我们看到的也是一位女速记员的故事，她叫薇莉·戈登，她在伊利诺州艾姆赫斯的一家公司工作，一次，我收到她写来的一封信。

在我所在的办公室里，和我一样的速记员有四名，每个人被安排速记的内容是不一样的。有时候，我们会被那些枯燥的信件搞得头晕脑胀。一天，某个部门的助理来找我，让我将一份内容很长的信件重新打出来，我的第一反应是，只要把信里的某些错别字找出来修改了就可以了。谁知道他的回答是："如果你真不想做这份工作的话，我可以找别人。"当时我生气极了，但转念一想，他说的好像也有点道理。后来，一想到我这份速记的工作可能被别人代替，我就努力打字，而且，公司是给我付了薪水的，因此我觉得我必须喜欢这份工作。在接下来的工作中，我好像还真有点喜欢上它了，我也发现，只要自己尝试着喜欢这份工作，工作效率就会慢慢提高。所以现在我很少加班了。这一崭新的工作态度，也让大家看到了我的努力，大家都认为我是个好职员，后来，某部门主管需要一位私人秘书，于是，我就顺理成章地被推荐了。后来，主管告诉我，他喜欢我的这份高高兴兴的工作态度，这样也能提高工作效率、做更多的事。这一心态改变所带来的力量，实在是我这么多年工作中的重大发现，确实很奇妙。

这里，戈登小姐之所以会对工作真的产生兴趣，是因为她利用了翰斯·瓦辛格教授的"假装"哲学，假装自己快乐，就真的会快乐。同样，如果你对工作假装感兴趣，那么，这份态度可能会使你弄假成真，你就会减少疲劳、紧张和忧烦。

就在几年前，哈伦·霍华德作出了个决定，就是这个决定，改变了他的一生，同样，这也是一个把枯燥的工作变得有趣的例子。

在某个机械厂，有个年轻人叫山姆，他的工作就是卸下螺丝钉。他觉得实在太无趣了，他原本打算放弃这个工作了，但是他又怕找不到别的工作，只好想办法从工作中找到一点点的乐子。于是，他决定和旁边那位操作机器的工人比速度。其中一个负责将螺丝钉头磨平，另一个负责将螺丝钉的直径大小修平，他们就比赛看谁完成的螺丝钉多。他们的工作都有人监督，有个监工开始留意山姆，不久之后，山姆就升职了，他被委派到另外一个部门，而这，就是山姆事业的开端。

就在30年以后，山姆，也就是后来的萨缪尔·弗兰克先生，成为波文机器厂的厂长，而假如他当初没有主动寻找工作乐趣、改变枯燥的工作方式的话，那么，也许他永远只是这家厂的一名普通的机械工而已。

我有个朋友叫卡藤本，他是著名的广播分析家，他曾告诉我一件事，在他22岁的时候，他在横渡大西洋的运牛船上打工，主要工作就是给那些牛喂饲料和水。后来，他骑着自行车在美国完成了一次长途旅行，然后，他到了巴黎，那个时候的他又冷又饿，但却身无分文，他不得不把自己心爱的照相机典当了，他得到了5法郎，然后，他在巴黎的《纽约前锋报》上登了一则求职广告，很快，他就得到了一份销售的工作，主要任务是将那些立体幻灯机卖出去。我还记得那些老式的立体镜，能用来同时观看两张一模一样的图片。原理是这样的：因为立体镜的存在，上面的两个镜片能把两张图片同时反映到另外一个镜片上，这样，我们的视觉就产生了立体的效果。而如果我们从远处看的话，这样的效果更会让你觉得吃惊。

他挨家挨户地推销，他虽然不懂法语，但却在第一年就收获颇丰——赚了5000法郎的佣金，一跃成为当时法国首屈一指的推销员。后来，卡藤本在谈到这个问题时说，这一年的销售经验可以与在哈佛读书一年相比，经过这次历练，他觉得自己完全有能力将那些国会记录推销给当时的法国主妇们。

同样，在法国做推销工作的一年，也让他对法国人的生活方式有了更直接和详细的了解，这对于后来他在广播中分析欧洲时有很大的帮助。

那么，可能你会感到好奇，为什么他不懂法语，却能将那些幻灯机卖出去呢？他是这样做的：推销前，他先让公司的人把需要推销的产品用有关的法语写下来，然后他再背下来。接着，他就去按主妇们的门铃，自然会有人出来应门，他就将那些事先背好的法语重复一遍，他的腔调让人捧腹，当主妇们对他说的问题感到疑惑而想提问时，他就耸耸肩说："一个美国人……一个美国人……"然后拿下戴在头上的帽子，指着他事先贴在图片上的法文推销。主妇们觉得这个推销员实在太好笑了，然后就跟着他一起笑……他知道自己的推销起作用了，便拿出了更多的示范图片。

后来，当卡藤本把这些告诉我的时候，我真觉得这个工作太不容易了。他说，让他把这份艰难的工作努力做下去的念头只有一个，那就是要将工作变得有趣。为此，每天早上出门前，他都会先照照镜子，然后对镜子里的自己说："卡藤本，如果你想生存下去的话，你就必须做这份工作，既然要做，为何不做得开心点呢？在每次敲开客户门的时候，为何不假装自己是个给人带来快乐的演员呢？你正在做的就像那些舞台上的演员在表演一样，那么，为何不投入兴趣呢？"他说，这些鼓舞人心的话对他真的能起到帮助作用，这使他由原来的讨厌工作到后来的开始对工作产生兴趣，当然，在收入上他获得不少。

接着，我问卡藤本先生，有没有什么要告诉那些希望获得成功的年轻人的呢。他告诉我，作为年轻人，每天早上起来都可以跟自己对话，说一些让自己精神更抖擞的话，我们每个人早上起来的时候都喜欢到处走动，这是为了保证身体健康，但是我们也需要精神和心智上的运动，以便让自己斗志昂扬。所以，对自己说一些鼓励的话很重要。

你是否觉得这些话听起来很没深度，或者很幼稚呢？其实不是！相反，这是有一定的心理学基础的。在18世纪以前，马克斯·奥瑞利亚斯在他的《沉思录》里有这么一句话："生命是由思想组成的。"这句话即便放到现在依然是真理。

每天跟自己对话，能让我们引导自己去进行更多的人生思考，思考什么是幸福和勇气，什么是平安和力量；每天多去想一些我们应该感激的事，那么，我们的心就会开阔起来，就会变得快乐无比。

去思考那些我们应该思考的事，工作的时候，也许你就不会感到那么厌烦了，任何一个上司，都会喜欢那些对工作充满兴趣和热情的下属，因为这样会给公司带来更多的利益。不过，你倒是不必想上司在想些什么，只需要想如果你对工作感兴趣的话，你会得到什么就可以了。需要记住的是，在你清醒的时候，你有一半的时间要花在工作上，如果你连工作都不喜欢的话，想必你也无法从其他地方获得快乐。时刻记住提醒自己，要对工作保持兴趣，这样，不仅让你免除烦恼，放眼长远，你还能获得升职加薪的机会。即便不能，你也可以在工作中减少疲惫感，并且享受快乐的时光。

因此，你要记住，对事情不要感到倦怠，而应该努力对其保持兴趣，这是使你感到平安和快乐的第四大原则。

第三篇

如何成为一个受欢迎的人

7.拥有令人舒心的微笑

卡耐基金言

在人格中，有一个最可爱的部分，那就是拥有令人舒心的微笑。

假如一个人对我们施以机械式的、假装的微笑，想必我们都会厌恶。因此，我这里要说的微笑是会心的、热心的，是从心底发出的、善意的微笑。

最近，我去纽约参加了一个宴会，在宴会上，我注意到有一位女宾，她拥有一大笔遗产在，她很希望其他的来宾能对她产生良好的印象，于是，她花了很多钱去购买一些奢侈品，诸如钻石、貂皮、珍珠等，但我发现，她的面部所散发出来的神色却依然是尖酸刻薄和自私的。我想，她大概永远也不会明白，对于男人来说，他们更看重一个女人脸上表露出来的神色，而不是她所穿的衣服。当然，在以后，如果你的妻子也非要买貂皮大衣的时候，你不妨将这句话告诉她。

斯瓦伯告诉我说，现在，如果要用金钱来衡量的话，那么，他脸上的微笑已经价值100万美元了。他想表达的大概也就是这个意思。因为我知道，斯瓦伯之所以能取得成功，大概也就是因为他拥有的人格、魅力以及讨人喜欢的能力。而在人格中，有一个最可爱的部分，那就是拥有令人舒心的微笑。

有一次，我跟贝弗利交谈，那是一个下午。说实在的，我对我们之间的交谈很失望，因为他实在太闷了，与我预期的完全不同，不过可喜的是，到最后，他还是对我淡淡地笑了一下。而这一笑，马上驱散了我心头的乌云。也正是因为这一笑，改变了他的命运，而假如他没有微笑，我想他现在还在继续他父兄的工作——在巴黎做木匠。

行胜于言。对人发出微笑就是在告诉对方："我喜欢你，你让我快乐，我喜欢看见你。"

拿小动物——狗为例，狗为什么那么招人喜欢呢？你发现，它多么喜欢看到我们，每次看到我们的时候，都对我们摇尾巴、围着我们转，所以我们也就自然地喜欢它们了。

那么，是不是只要我们张开嘴笑就可以了呢？即便是不诚意的微笑呢？当然不是！微笑绝不能不发自内心！假如一个人对我们施以机械式的、假装的微笑，想必我们都会厌恶。因此，我这里要说的微笑是会心的、热心的，是从心底发出的、善意的微笑。

我曾同纽约一家大的百货商店的人事部主任交谈过，他告诉我，他宁愿聘用一个连小学文凭都没有的女职员，也不会雇佣一个冷冰冰的哲学博士，当然，前提是，前者要有一个可爱的微笑。

我还曾听过美国一家大橡胶公司的董事长的一段话，他对我说，按照他的经验，一个人，不管从事什么，假如他不热爱、不高兴的话，那么，他是不可能成功的。他是一位实业界的领袖。对于人们常常说那句："苦干是打开成功的金钥匙。"——

他是不认同的，他给出了自己的看法："在我认识的那些成功人士中，他们成功的一个主要原因是他们乐于经营他们的事业，然而，到后来，一些人开始苦干，他们让自己的工作变得沉闷，然后失掉了工作的乐趣，逐步导致了他们的失败。"

如果你希望别人高兴地见到你，那么，你首先要高兴地见到别人。

曾经我邀请数千位商界人士，让他们在一天内每个小时都对别人微笑一次，在一个星期后，让他们到我的班级中来讲述结果，你猜怎么样？对于这一问题，我觉得还是有必要先看看纽约证券交易所的会员斯丹哈德的一封信。当然，他的情形并非个例，实际上，这是一个代表。

我结婚已经有18年之久了。之前，从我睁眼开始到我离开家去上班，我几乎不对我的妻子微笑，或者说上完整的几句话。可以说，曾经的我在整个百老汇大街上都算得上是脾气最坏的人。

就在前些天，你对我说希望能加入你的微笑实验中来，我想我就先试一个星期。所以，第二天早上，当我起床梳头的时候，我就对着镜子里那个闷闷不乐的脸说："比尔，从今天起，你要一改你从前的面容，你要微笑。"当我坐下开始吃早饭的时候，我对着旁边的妻子微笑了一下，然后说："亲爱的，早。"

你曾给我提过醒，说我的妻子会感到惊讶。但是你对她的态度的估计并不完全对，她简直迷惑了，她看了我半天。我告诉她，这样的情况以后在我们的家里会持续下去。从那天早上开始，我已经坚持了两个月了。

就这样，慢慢地，我改变了自己的态度。短短的两个月，我获得的家庭快乐远比在过去一年得到的还多。每当我到达办公室的时候，我也会对公寓里开电梯的人说一声“早安”，并且脸上挂着微笑。我还会对门卫微笑，对地铁里小商铺的伙计们微笑，对那些在从前没见过我微笑的人微笑。

不久后我发现，大家也对我报以微笑。即便是一些人向我抱怨遇到不顺的事，我还是和颜悦色地听着，微笑让我觉得连调解他人之间的纷争和矛盾都容易得多。我现在每天都从微笑中获得财富。

我与另外一个交易员共用一间办公室，他有一个可爱的青年秘书。在经历了生活和工作的大改变以后，我将自己得到的新的处世哲学告诉他的时候，他也告诉了我他曾经对我的看法。他承认，刚开始他来这间办公室工作的时候，因为我经常不苟言笑，他认为我是一个脾气很坏的人，但现在他改变了自己的看法，他说我在微笑的时候充满了人情味。

我鼓励赞扬，摒弃批评。微笑真实地改变了我的生活，我感觉自己现在是一个完全不同的人了，一个更加快乐和充实的人，因为我获得了真正的友谊。

我要提醒你的是，写这封信的是人生经验丰富、聪明绝顶的交易员。他在纽约证券交易所以买卖证券谋生，每个交易员都有自己的账户，任何一个对理财有些认知的人都明白，这是一个很难做好的职业，在100个敢于尝试的人里，差不多有99个会失败而归。

看到这里，我想他肯定也在微笑。那么，该怎样微笑呢？我想至少你可以从两方面努力：第一，强迫自己微笑。如果你现在单独一个人的话，那么，你可以哼哼小曲、唱唱歌，做出快乐的样子，那样你会真的快乐起来。已故的哈佛大学教授詹姆斯曾说：

表面上看，行动是跟着感觉走的，但其实二者是并行的。我们能使直接受意志支配的行动有规律，也能间接地使不直接受意志制约的行为有规律。

因此，假设我们真的失去了快乐，那么，也就重新得到了快乐的途径，那就是快乐地坐起而行、说话，好像我们已经真的很快乐的样子……

不得不说，世界上的任何人，都在努力寻找快乐，但只有一个办法能让我们得到快乐，那就是控制你的思想，因为快乐的获得在于你的内心的喜悦，而不是来源于外界的情况。

无论你是谁，你在哪里，你的工作是什么，能左右你快乐不快乐的因素只有一个，那就是你如何去想。比如说，在同一个地方，有两个人，他们有着同样的财富、地位、名望，他们做着同样的事。但一个痛苦，另一个却快乐，这是为什么？因为他们的心境不同。

莎士比亚说过："事无善恶，思想使然。"

林肯总统曾经说过这样的话："多数人的快乐同他们所决定要得到的差不多。"他这句话没错。最近，我看见的一个案例就很好地证明了这一真理。

有一次，我在纽约的长岛车站走一段有阶梯的路时看到了在我前面的三个残疾的儿童，他们艰难地举着拐杖迈上阶梯。其中一个男孩已经身体残缺到需要别人来抱他才能上去，但他们依旧笑得很爽朗，这足以让我吃惊。后来，我对他们的管理人提及此事，他告诉我："情况确实是这样的，当后一个儿童得知自己将会一辈子残疾时，刚开始他会感到恐惧不安，但在不安之后，他就会接受命运，然后比那些身体健全的儿童还要快乐些。"

听完他的一番话，我真觉得自己应该对那些残疾儿童深深地鞠上一躬，他们给了我深深的教训，我希望自己能永远记住。

曾经身为卡迪纳第三棒球名手的白德格，现在已经是全美最成功的一位保险商人。一次，他对我说，经过很多的商业社会经验，他得出一个结论，会微笑的人永远最受欢迎。所以，当他每次进办公室以前，他总是会停留片刻，然后花一点时间去想想那些值得感谢的事，然后他便有了一个会心的微笑，带着这样的微笑，他才开始这一天的工作。

他一直坚信，微笑与他能获得保险销售行业的巨大成功有很大的关系。

我想，接下来赫巴德的话能给你不少建议，但无论如何，你需要记住的是，如果你不去执行这些建议，那么于事无补。

每次当你外出的时候，要记住：调整一下你的状态，端正你的脸庞，抬头挺胸，让自己精神饱满；呼吸阳光中的新鲜空气；真诚地对朋友微笑，跟他们握手时全神贯注；不要害怕被别人误会，也不要浪费任何时间去思考你的仇敌。要明确你到底喜欢做什么，一旦确定，就朝着目标往前走，将精力集中于你喜欢做的那些重要的事情。岁月如梭，随着时间的推移，你会发现，你幸亏抓住了曾经想实现梦想的机会，你所希望的是成为一个有能力、诚实、对他人和社会有用的人，而你的思维，正使你一步步成为你想成为的那种人……思想永远是至高无上的，要保持一个正确的心态——勇敢、诚实、欢乐，创造力来源于思想，任何事都是由思想创造的，那些真正的内心的夙愿，也都会应验。我们的内心所真正关注的是什么，我们就会成为什么。抬高你的头、展开笑颜，明天我们就是神仙。

中国古代的先人们都饱含智慧、了解人情世故，我知道他们有一句做人的格言，我想我们每个人都应该抄写下来，然后随身携带，这句话的大意是这样的："不微笑，莫开店。"

提到店，弗莱契在为考林公司所设计的一则广告语中也提到了这一实用的哲学。

"圣诞节一笑千金"

它不费任何事，却有颇多产出。

它在瞬间发生，但却会让人产生永久的回忆。

没有人已经富裕到不需要它，没人在贫穷后因为它而变得富裕起来。

它让人们的家庭因此欢乐，让生意人彼此产生信任和好感，朋友以此为相处的准则。

它让疲惫者得以休息，是失望者的阳光，是悲哀者的太阳，是大自然解除灾难的良药。

然而，它不能被买卖，不能租借，不能被偷盗，因此在弃之以前，它对谁都是无用的。

假如在圣诞节那天去购物，到了最后一分钟，我们的几个售货员因为忙碌而疲惫不堪而忘记给您一个微笑，那么，请您反过来给他们一个微笑好吗?

所以，如果你希望别人喜欢你，那么，你应该记住第二大原则：始终保持微笑。

8.记住对方的名字，很容易赢得好感

卡耐基金言

人们都十分重视自己的名字，因为名字代表的是尊严、荣誉，不少人会竭尽全力去设法使之延续，即便牺牲自己也无所谓。

不少时候，当我们被介绍给一个陌生人，我们与人交谈，但在说再见的时候，大概连对方姓什么都记不住吧。

1898年，在美国纽约的一个小乡村，发生了一起悲惨的事件。村里死了一个小孩，有一个邻人为其下葬，那天天气寒冷、冰天雪地。费雷去马棚牵马，谁知这匹马已经好几天没有运动了，根本不听费雷的使唤，当它被费雷引至水槽边时，它居然抬起它的双脚，在地上打转，然后一脚踢在了费雷的身上，费雷就这样丧命了。在短短的一个星期内，这个小小的村子举行了两次葬礼。

费雷留下了一个寡妇、三个孩子和几百美元的保险。

其中，他的长子叫杰姆·费雷。然而，你可能无法想到的是，后来他居然成为美国历史上很有影响力的一个人，他成功地帮助富兰克林·罗斯福当上了美国总统。也许你根本也不会想到一点，他从来就没有机会接受教育。

父亲去世后，他在曾在一家瓦窑做学徒，每天烧瓦片，然后置于阳光下晒干。但他并没有听从命运的安排。他的人生就因为能成功记住他人的名字，而发生了巨大的变化。

虽然杰姆从不知道上学的滋味是怎样的，但截止到46岁，他已经获得了美国四所大学的荣誉博士的学位，并且，他还是美国的邮政总监、美国民主党委员会的主席。

对此，有人问他成功的原因，杰姆的回答居然是他可以叫出五万人的名字，而这也是他可以帮助罗斯福进入白宫、成为美国总统的原因。这大概就是记住他人名字的神奇效应吧。

在富兰克林·罗斯福开始竞选总统的前几个月，杰姆的工作很多，刚开始的一段时间，他每天需要写好几百封信给西部以及西北的各个州的人。

然后，他需要走访西部那些人，他登上了火车，在19天之内，行程12000公里，足迹遍及20个州，用遍了马车、火车、汽车、快艇这些交通工具。

每到一站，他都会停下来与接见他的人一起共同进餐，并进行一番亲切的交谈，然后继续他的旅途。

杰姆一回到美国东部，就立即给那些自己曾经遇到的小城镇中的人写信，并请对方帮忙。但这些人实在太多了，需要写信的人也实在太多了，但到最后，他们却都收到了杰姆的信。并且，在这些信中，杰姆都是这样开头的“亲爱的比尔”或“亲爱的杰恩”，而最后总是签着“杰姆”的名字。结果，他的这一做法帮助富兰克林·罗斯福拉取了大量的选票，使其成功地当上了美国总统。

在政界，应该所有人都知道这句话：“你能记住选民的名字，这就意味着你能成为国务活动家；而忘记选民的名字，就意味着你将成为被遗忘的人。”其实，这句话不仅仅适用于政治活动，任何时候，如果你也能记住他人的名字，那么，你也会得到他人的青睐。

可见，记住别人的名字是多么重要。

美国钢铁大王卡耐基为什么会取得成功？

美国的钢铁大王卡耐基并不是如人们所想的那样深谙钢铁制造，他手下有好几百个经理人，每个人都比他更了解钢铁。钢铁大王卡耐基成功的原因何在呢？实际上，在他很小的时候就显示出了组织、领导才能。

10岁时的卡耐基，有一天抓到了一只母兔，不久生了一窝小兔子，饲料因而不够食用，卡耐基如何处理呢？他一点儿也不头痛，他的脑海里早有了很美妙的构想，他把邻近的孩子们集合起来宣布：谁能拔最多的草来喂小兔子，就以他的名字给小兔子命名，于是孩子们都争先恐后地为小兔子寻找饲料，卡耐基的计划顺利地实现了，他始终没有忘记这一次的成功。

终其一生，他就是利用人们的这种心理成功地领导着许许多多的人。

在商业上也是如此，并因此获得了巨额利润。一次，他想将钢铁路轨售予美国的宾夕法尼亚铁路，担任这一铁路局局长的是汤姆生，所以，卡耐基就把当时在匹兹堡的一家钢铁厂命名为“汤姆生钢铁厂”。

后来，在卡耐基与普尔门互相竞争卧车经营权的地位时，卡耐基又想起了兔子的故事。

当时卡耐基所管辖的中央运输公司和普尔门所经营的公司都想拿到联合太平洋铁路卧车的经营权，为此，他们争夺了很久。

一天晚上，卡耐基在圣尼古拉旅馆门口遇到了普尔门，他说：“你好，普尔门先生，你有没有觉得我们都在作弄自己呢？”

“这话怎么说？”普尔门很诧异。

于是，卡耐基将他的想法说了出来：合作，以求双赢。他用很生动的语句讲述了应该双方合作而不是继续争夺下去，普尔门听了半天，并未说话，末了，他问：“这家新公司你准备怎么命名？”卡耐基立刻回答：“当然是普尔门皇宫卧车公司。”

听到卡耐基这么说，普尔门的双眼立即放起光来，他对卡耐基说：“你到我房间来，我们再详谈。”就是这次谈话，成就了人们津津乐道的实业界的奇迹。

一个10岁的孩子就懂得一个人的名字与他自己有着微妙而不寻常的关系。正是因为了解这一点，卡耐基便利用人们的这种心理获得了很多人的协助，而成就了不凡的事业。他曾经说过：“一个人的姓名是他自己最熟悉、最甜美、最妙不可言的声音，在交际中最明显、最简单、最重要、最能得到好感的方法，就是记住人家的名字。”

其实，记住对方的名字，就很容易赢得好感。因为姓名代表一个人的自我，只有在自我受到尊重的时候，人们才会感觉快乐。我们应该注意到这一点，一个名字所能包含的奇迹。

和卡耐基一样认识到名字的重要性的，还有贝德茹斯基，他的专用厨师是一位黑人，贝德茹斯基亲切地称呼他为“考伯先生”，这让这位黑人厨师觉得自己很重要。贝德茹斯基曾15次周游美国，为那些广大的美国听众演奏，不管何时，他所享用的都是这位黑人厨师做的食物。在那些年里，贝德茹斯基从未用美国通用的称呼称他为“乔治”，而是一直传统地称他为“考伯先生”，当然，考伯先生也喜欢贝德茹斯基这样称呼他。

人们都十分重视自己的名字，因为名字代表的是尊严、荣誉，不少人会竭尽全力去设法使之延续，即便牺牲自己也无所谓。

就在200年前，那些坐拥财富的人会用金钱来换取作家们的书。我们发现，不少博物馆和图书馆的名字常常是出自那些希望在日后人们还记得他们的名字的人，比如，纽约公共图书馆有艾思德与李诺克斯的藏书，京都博物馆永远保留着爱德门与马根的名字，而你还能发现，大概所有的教堂都有彩色玻璃窗，上面纪念着那些捐献人的姓名。

据说美国前总统罗斯福记忆人名的能力惊人。

有个曾为美国历届领导人制造小汽车的汽车公司，在一次聚会上，公司经理曾把机械师坎茨介绍给总统。几年后，当张伯伦带着机械师坎茨再次见到总统时，罗斯福首先热情地和他们握手，亲切地叫着他们俩的名字，这使张伯伦和机械师都特别兴奋。为报效总统的异常记惦和知遇之情，回公司后，他们精心设计，用上将近一年的时光，专门为罗斯福制造出了一辆特别坚固精致的小车。

相对于普通民众来说，国家领导人高高在上，而罗斯福却能记住他们的名字，这就是一种尊重。但是生活中的我们，有多少人这样做了呢？

不少时候，当我们被介绍给一个陌生人，我们与人交谈，但在说再见的时候，大概连对方姓什么都记不住吧。

任何一位政治学家，从他从政的第一课开始，他要学的就是："想起选举人的姓名就是从政之才，忘记就是淹没。"同样，在事业与交际上也是如此。

法国皇帝，也是拿破仑的侄儿——拿破仑三世得意地说，即使他日理万机，仍然能够记得每一个他所认识的人。

他的技巧非常地简单。如果他没有清楚地听到对方的名字，就说："抱谦。我没有听清楚。"如果碰到一个不寻常的名字，他就说："怎么写？"

在谈话中，他会把那个人的名字重复说几次，试着在心中把它跟那个人的特征、表情和容貌联想在一起。

如果对方是个重要的人物，拿破仑就要更进一步。一等到他旁边没有人，他就把那个人的名字写在一张纸上，仔细看看，聚精会神地深深记在心里，然后把那张纸撕掉。

这样做，他对那个名字就不只是有眼睛的印象，还有耳朵的印象。

这一切都要花时间，爱默生说："好礼貌是由一些小小的牺牲组成的。"

事实上，现实生活中的人们，之所以没有记住他人的名字，是因为他们认为这是一件无意义的工作或者根本没有下功夫去记，而且他们还总是会给自己找借口，比如工作忙，但你不会比拿破仑三世更忙，所以，从现在起，你若希望别人喜欢你，这是第三大原则。

9.学会做个耐心倾听的人

卡耐基金言

很多人之所以请医生看病，只是因为他们需要一个倾听者而已。

如果你想让别人对你感兴趣，你首先要对别人感兴趣。问他想要回答的问题、鼓励他多谈论自己以及他自己的成就。

前几天，我收到一份来自纸牌会的邀请，我如约而至。实际上，我根本不会打纸牌，另外，我发现，有个长相俊秀的女子也不会。这样，我们便选择坐下来聊天。聊天中，她发现，在汤姆士从事无线电事业之前，我有一段时间做过她的私人经理，为了帮她准备那些她需要讲解的关于旅行的资料，我有幸去了欧洲各地旅行。所以，这位俊秀的女子问我："卡耐基先生，能告诉我你都到过哪些著名的景点吗？"

然后，我们在沙发上坐了下来，她说最近她和她的丈夫刚从非洲旅行回来。听到这里，我说："天哪，非洲啊，多么有趣的地方，我也总想去那个神奇的地方看看，但是除了在爱尔袭士停过24小时以外，其他任何一个地方我都还没去过，你们是不是一起去过那些有野兽出没的地方？啊！多么幸运，太羡慕你了，你来告诉我一些关于非洲的情形吧。"

我们之间的谈话足足有45分钟，后来，她也不再问我去过什么地方，也不问我曾经看到什么新鲜的东西了，关于我的旅行，她也没有想听了，因为她需要的不过是一个专注的倾听者，从而能满足她内心想诉说的欲望。

在我们的现实生活中，和这位女子一样的人少吗？当然不，许多人都是如此。

比如，我最近在出席纽约出版商格利伯的宴会上遇到了一位植物学家。我的朋友圈里没有这种职业的人，我觉得他太有趣了。然后，我坐在了他旁边的椅子上，听他讲大麻和室内花园，以及关于卑贱的马铃薯的惊人故事。我自己也有一个小的室内花园——他还殷勤地向我支招，告诉我该怎样把花园打理好。

这次谈话是在宴会上进行的，所以当时在场的其他十几位客人就这样被我们不礼貌地忽视了。我们的谈话时间维持了几个小时。

到了午夜的时候，我们要离开宴会了，要分别跟主人告辞。这位植物学家对主人说他和我的这场谈话十分有趣，说我"是一位有趣的谈话家”，还夸我是“最富激励性的人”等。

我是有趣的谈话家？是吗？这让我很吃惊，因为在我们的谈话中，我几乎没说几句话。其实如果非要我说的话，我也不会说，因为我对植物学实在一窍不通，甚至还不如对企鹅的解剖学知道的多。但无论如何，我做到了安静地听他说，因为我对他的话很感兴趣，他自然感到高兴，我想，认真地倾听别人的谈话，大概是对别人最好的恭维。

那么，一次成功的商业会谈的秘诀是什么？注重实际的学者以利亚说：“我认为成功的商业交谈没什么秘密，只要你专心注意正在和你谈话的人即可，大概再也没有其他东西的能让人如此开心了。”至于个中原因，我想大概不必解释，即使你没有去哈佛研读四年，你也能很轻松地发现这一点。然而，我们也发现，一些愚笨的商人却依然不懂这一点，他们会在市中心繁华的街道租用门面，会装潢出美丽动人的橱窗，甚至会花千百元去打广告，却雇用一些根本都不懂得静静地听顾客讲话的店员，有时候，他们甚至还反驳和制止客户谈话，更有甚者，一些店员几乎要把顾客从自己的店内赶出去。

乌顿的经历可以说是给他们好好上了一课。一次，在班级中，他讲了这样一个故事：

一次，他在新泽西的百货商店买了一套衣服。然而，这套衣服的质量实在太差了：他穿在身上后才发现，黑色的上衣已经把他的衬衫领子染黑了。

后来，他带着这套失望的衣服找到这家店和卖给他衣服的售货员，把事情的经过告诉他，谁知道，他回答说：“这套衣服我已经卖出去一千来件了，还从未有人像你这样挑剔。”面对他的投诉，这位售货员这样反驳道。

正在他们激烈辩论时，另外一位售货员也加入辩论中：“黑色衣服都会这样，这无法改变，要知道，这个价钱的衣服还能指望怎么样呢？”

“听到这里，我简直冒火，很明显，第一个售货员怀疑我的诚实，而第二个则认为我买的是一件便宜货，我当时真想发脾气，正要向他们理论时，他们的经理走了过来，过了一会儿，我的怒气全消了。”乌顿先生继续讲事情的经过。

那么，这位经理是怎么做到的呢？他采取了三个步骤：

第一，他问我发生了什么，然后我叙述了从头到尾的经过，这个过程，他不发一语，静静地听我说。

第二，当我已经说完的时候，两个售货员又进来插话，想要跟我辩论，而此时，这位经理却站在我的角度和他们辩论，他说，很明显我衬衫领子上的污渍是别的衣服染上去的，并且，他还坚持说，任何无法让别人满意的东西，都不应该从我们的店内销售出去。

第三，他说他确实不知道衣服质量有问题，并且，他还坦诚地问我：“对于这件衣服，您希望我怎么处理呢？只要您开口，能办到的，我一定办到。”

最后，他给我一条建议：将这件衣服再试一个星期。“如果那个时候您觉得情况还是这样的话，那么，到时候您再来换一套满意的，让您这样不方便，我们确实感到很抱歉。”

当然，最后，我十分满意地离开了这家商店，过了一个星期，我发现，衣服并没有什么毛病。我对这家商店也就更加信任了。

一直挑剔的人，即便是那些言辞最激烈的批评者，也会在一个有同情心和忍耐力的聆听者面前服软。乌顿先生的经历正是告诉我们这一点。

几年前，纽约电话公司也遇到过这样的情况。

一天，纽约电话公司曾碰到一个凶狠的客户，这位客户对电话公司的有关工作人员破口大骂，威胁要拆毁电话。他拒绝付某种电信费用，他说那是不公正的。他写信给报社，还向消费者协会提出申诉，到处告电话公司的状。电话公司为了解决这一麻烦，派了一位最善于沟通的“调解员”去会见这位惹是生非的人。这位“调解员”静静地听着那位暴怒的客户大声的“申诉”，并对其表示同情，让他尽量把不满发泄出来。

3个小时过去了，调解员非常耐心地倾听着他的牢骚。此后，他还两次上门继续倾听他的不满和抱怨。当调解员再次上门去倾听他的牢骚时，那位已经息怒的顾客把这位调解员当作最好的朋友看待了，并自愿把所有的该付的费用都付清了。

这则故事中，调解员为什么能成功说服这位惹是生非的客户并与之成为好朋友？这是因为他动用了情感的力量，并利用了倾听的技巧，友善地疏导了暴怒顾客的不满，于是这位凶狠的客户也通情达理了，矛盾冲突就这样彻底解决了。

假如你希望周围的某个人躲开你或者背后嘲笑你，那么，有一个极好的办法，那就是绝不听他说话，只是在不断地谈论你自己和关于你自己的事。如果你们在谈话时，你有自己的意见，那么，千万别等他说完，只管开口谈论你的想法就好。要知道，你为何要浪费时间听一个你不喜欢的人闲谈呢？马上插嘴说话，让他中断侃侃而谈的言论。

的确，那些让人讨厌的人就是被自私占满内心的人，就是被所谓的自我中心麻醉的人，那些只考虑自己和为自己设想的人，在哥伦比亚大学的巴德勒看来，简直是"无可救药的缺乏教育者。"

所以，如果你希望自己成为一个健谈的人，你就先要做一个懂得倾听艺术的人。如果你想让别人对你感兴趣，你首先要对别人感兴趣。问他想要回答的问题、鼓励他多谈论自己以及他自己的成就。不要忽视坐在你对面和你谈话的人，包括他自身、他的困难、他的需要，这些问题比对你和你自身的问题要感兴趣一百倍以上，要知道，他关心他自己脖子上的小痣比非洲的40次地震还要多。

下次，在你开口谈话之前，一定要注意第四大原则：如果你希望对方喜欢你，你就要做到耐心倾听，鼓励对方多谈自己。

10.谈论他人喜欢的话题

卡耐基金言

跟着对方的思维去谈话，你会被对方接纳和喜欢。

假如你希望别人喜欢你、对你产生兴趣，那么，首先你要对他感兴趣的话题产生兴趣。

我想，任何一个曾经到过美丽的牡蛎湾拜访过罗斯福的人，对他的渊博的知识无不感到吃惊。“无论是一位纽约政客、外交家还是牧童、骑手，罗斯福总统都知道该跟他谈论些什么。”博莱特福写道。那么，罗斯福是怎样做到这一点的呢？

其实一点儿也不难。无论何时，罗斯福在接见一位来访者之前，都会在见面的头一天晚上仔细查找这个客人的资料，然后找出他感兴趣的话题。

其实，不只是罗斯福，所有的领袖都能做到这一点，他们深谙与人沟通的艺术——谈论别人最为感兴趣的事。前耶鲁大学教授、平易近人的菲尔普早年就懂得了这样的道理。

菲尔普在他的一篇关于人性的文章中写道：“在我8岁那年，有一天，我去看望姑妈林慈莱，并在她家过周末。到了晚上的时候，姑妈家来了一个中年男人，他和姑妈说了些慰问的话之后，便开始把注意力放到我身上，刚好，我对船也十分感兴趣。而这位男士谈论的正好是这个话题。在他走后，我一直向姑妈称赞他是一个好人，他对船也是那么的感兴趣，然而，我的姑妈告诉我，这位男士真正的职业是律师，其实他对船根本不感兴趣，那么，在晚上的谈话中，为什么他一直在和我讨论船的事情呢？

姑妈对我说：‘因为他是一个品德高尚的人，他看见你似乎对这个问题十分有兴趣，便跟着你的思路去谈话，同时，他也为此成为一个受人欢迎的人。’”

“从此，我永远记住了姑妈的话。”菲尔普在这篇文章的结尾写道。

当我在写这一章的时候，摆在我的办公桌上的，是来自查利夫的信件，他曾经在童子军中相当活跃。

“有一天，我发现我所在的童子军需要别人的资助，因为欧洲将举行一次童子军大露营，而我们却没有经费，我想请美国的一家大公司的经理帮助我。

在见此人之前，我听说过一件事，他曾开过一张一百万美元的支票，而当支票退回来以后，他把支票放到了他办公室的镜框之中。所以，当我走进他的办公室的第一件事就是谈及那张让他感到自豪的一百万美元的支票。我告诉他，在这之前，我真的没有看到过一张一百万的支票，现在，我回去要告诉我的童子军们，今天我真的见到了。听我说完这些以后，他也很兴奋地拿出那张支票给我看，我表现出羡慕的神情，然后请他告诉我这中间的经过情形。”

不知道你是否发现，在这场谈话中，查利夫先生从未提及他此行的目的——为童子军募集资金，他谈论的一直是对方感兴趣的事——一百万美元的支票。那么，事情后来又怎么样呢？

过了一会儿，这位经理对查利夫说：“对了，今天你来找我有什么事情呢？”既然对方已经这样问了，查利夫先生便告诉了他。查利夫后来回忆这件事时时候说：“太让我感到惊奇了，他不但答应了我的请求，而且还比我事先希望得到的多得多，我原本只希望他能帮助一个童子军去欧洲参加露营，但他居然主动提出来帮助五个童子军，另外加上我，有六个人，我们可以在欧洲住上七个星期。然后，他又拿出纸笔，说要为我写介绍信，希望其他分公司的经理也帮忙。更不可思议的是，当我们到达巴黎的时候，他居然已经事先在那里等候、来接我们了。从那以后，他还主动为那些家庭贫寒的童子军介绍工作，而且，现在依然活跃于我们的团体中。不过现在回想起来，假如我不是事先知道一些关于他的感兴趣的事，那么，我想即便我费尽心机去接近他，也未必能达到我的目的。”

所以，假如你希望别人喜欢你、对你产生兴趣，那么，你最好先记住第五大原则——谈论别人感兴趣的话题。

第四篇

获得他人认同和敬佩的方法

11.口头争论无法获得真正的认同

卡耐基金言

在你与人进行辩论的时候，或许你是对的，甚至你绝对是对的，但从改变对方思想的角度来说，你不会有什么成果，这就好像你错了一样。

我们与人交谈，无论对方的智力如何，我们都不可能对任何人通过口头争执的方法来改变他们的思想。

第二次世界大战不久后的一个晚上，我参加了一个宴会，就在这个宴会上，我得到了一个千金难买的教训。

那个时候，我担任史密斯爵士的私人助理。“二战”时，我的上司史密斯爵士是奥地利的航空领袖，而在战争结束后，他做了一项惊人的举动——一个月内环绕了地球半周。从此，他成为一个在世界范围内都有名的人，因为还未曾有人能做到这点。这简直是个爆炸性新闻。奥地利政府奖励给他5万先令，英国国王则对他加官进爵，封其为爵士。那一段时间，他是整个英国被大家谈论最多的人。有一天晚上，爵士邀请我参加他的一个宴会。宴会上，坐在我旁边的一个人讲了一个幽默故事，他说的这个故事与这句话有一定的关联——“无论我们如何粗俗，有一位神，他就是我们的目的。”

提到这句话时，这位讲故事的人称其出自《圣经》，然而我知道甚至是肯定这句话并不是源自此处，所以，为了获得我想要的自重感，我说他错了，这句话是莎士比亚说的，还没等我说完，他就立即反驳道："什么，怎么可能，出自莎士比亚？绝对不可能，它明明是出自《圣经》！"

反驳我的这位讲故事的人位居我的右边，而在我左手边的是我的一位老朋友——加蒙，加蒙先生曾经花了很多年时间潜心研究莎士比亚，这一点是我们共同了解的，为此，我们都同意让加蒙来做裁决。加蒙先生在听完我们的争辩后，在桌底上用脚踢了踢我，然后说："戴尔，你错了，这位先生是对的，这句话确实出自《圣经》。"

那晚的宴会上，我们再也没有提过这个问题，但是到后来宴会结束回家后，我对加蒙先生说："你必须要对我承认，你也知道那句话确实是莎士比亚曾说过的。"

"是的，我当然知道，这是莎翁的戏剧《哈姆雷特》里第五幕第二场中的话，但你我都是这场宴会的客人，为什么非要证明另外一位客人是错误的呢？这样有什么好处呢？会让他喜欢你吗？为什么不给他留点面子呢？他并没有征求你的意见，他也不需要你的意见，那么，你为什么要跟他争辩呢？要永远避免正面的冲突。"

"永远避免正面的冲突。"多么简单有力的一句话，虽然当时说这句话的人现在已经去世了，但是他这句话就像座右铭一样一直警醒着我。因为我必须承认，一直以来，我都是一个执拗的辩论者。在我年少的时候，我会跟我那些兄弟们辩论天下的一切事。后来，我在纽约也教过辩论术。现在我都有些不敢承认自己曾写过一本关于辩论的书，为了写这本书，我曾静听、批评，与人进行过数千次的辩论，并观察它们的影响。然而，我却得出一个结果：世界上只有一种方法能得到辩论的最大的利益，那就是避免辩论。

假如有10次辩论，估计有9次辩论结束后，每个争论的人都比参与争论之前更相信自己是正确的。而我们自己，无论辩论的结果如何，我们都失败了。当然，如果你辩论失败，那么，你确实失败了，而如果你得胜了，那么，你还是失败了。为什么这样说呢？假如你将他的论点驳得体无完肤、毫无再反击的能力，那么只能证明他是神经错乱，你当然会为自己的口才感到高兴。但是他呢？他会觉得自己的自尊受到了伤害，会变得脆弱，然后，他会反对你的胜利，甚至还会报复你。

在波恩互助人寿保险公司，管理人会为他们的推销员制定一个规则——不要辩论，因为他们明白，推销的精髓并不是辩论，也不能看上去像辩论，任何时候，人类的思想都是无法通过辩论改变的。

很多年前，我的训练班中招收了一位名叫亚哈亚的爱尔兰人。他曾经读书不多，但却十分喜欢争论。他做过司机，他之所以到我这儿参加训练，是因为他花了很长时间都未曾卖出过一辆载重汽车。我问了他关于这次销售的经过，后来我明白，之所以如此，是因为他一直在和自己的准客户争论，然后还触犯了他们。我想，在未来如果还有人想购买他的汽车但却说了几句不中听的话，他肯定还是会恼怒，然后赶紧回击对方。当然，他确实口才不错，也赢过不少争论。后来他对我说："每次当我离开刚刚争过的战场，我都会对自己说：'我又教会那些家伙一些东西了'，确实，我告诉了他们一些知识，但我却未曾因此而让他们购买我的任何一点东西。"

我给自己制定了任务，是关于如何训练亚哈亚的，我第一步训练他的不是如何教他说话，而是训练他保持缄默、避免口头冲突。而现在，亚哈亚先生已经是纽约汽车公司的销售冠军了。

老富兰克林是个充满智慧的人，他曾说过这样一句话："假如你与人争论、争强好胜、反对他人，那么，也许你会取得胜利，但这种胜利是空洞的，因为你永远不可能让对方真的从心里佩服你、认同你。"

所以，现在你来想想看，对于以下两种，你宁愿要哪种呢？一种是暂时的、表面化的、语言上的胜利，一种是长期的佩服，当然，这二者几乎无法兼得。

在你与人进行辩论的时候，或许你是对的，甚至你绝对是对的，但从改变对方思想的角度来说，你不会有什么成果，这就好像你错了一样。

所以，我要说的是，我们与人交谈，无论对方的智力如何，我们都不可能对任何人通过口头争执的方法来改变他们的思想。

巴森士是一位所得税顾问，一次，他因为一张9000元的账单与另外一位政府税收稽查员争论了长达一个小时。

巴森士称这明明是一笔死账，是不可能收回来的，当然不必再缴税。而稽查员则反对说："简直是胡说，怎么是死账？无论如何都必须纳税。"

巴森士后来在训练班中提到此事，对我说："这位稽查员就是个冷淡、傲慢、固执的家伙，无论我说什么理论依据，对他来说，似乎根本都不起作用。我发现，我跟他争论简直是浪费时间，我越是和他辩论，他越是固执，所以我决定不再跟他争，我要改变想法，先对他赞扬一番。

接下来，我对他说：'我想这件事与你必须要作出的决定相比，应该是不值一提的，我也曾研读过税收问题，不过我只是从书本中学习到的，而你得到的知识却是从经验中获得的，我也希望自己能像你那样，因为那样我能学习到很多。'当然，我在说这些话的时候，全是出自真心的。

后来，我便发现，那位稽查员挺直了身子，然后把背往后靠了靠，说了很多关于他这些年工作的事，然后还告诉我很多商家巧妙舞弊的方法。我发现，他说话的口气友善多了，接下来，他又说到他的孩子，我们聊了很长时间。当他离开的时候，他说会再考虑我说的问题，会在几天后给我答案。

三天之后，他来了我的办公室，并对我说，他已经决定按照我原来的意见填报税务项目。"

这里，这位税收稽查员所表现出来的正是我们所有普通人身上都会表现出来的特点，因为他需要被重视的感觉。巴森士越是和他争论，他的这种自重感越是强烈，他就越想扩大自己的权力。而一旦巴森士承认了他的重要，他也就停止了争论。因为此时，他的自尊心得到了满足，他立即转变了态度，变得友好和善起来。

拿破仑的管家曾写过一本书——《拿破仑私生活的回忆》，这位管家常与约瑟芬打台球，他在这本书的第一卷第71页中说：“虽然我认为自己的台球技艺不错，但是还是努力让她赢我，因为这样会让她十分开心。这虽然是一个很小的故事，但却告诉我们非常实用的道理，我们在与我们的丈夫、妻子、情人或者顾客交往时，也要想方设法让他们胜过我们。”

释迦牟尼曾说：“恨不止恨，爱能止恨”。误会永远不能以争辩来结束，而需要用手段、外交、和解来对待对方观点，以使对方产生同情的欲望。

一次，林肯惩罚了他的一位青年军官，因为他与一位同僚起了争执。林肯对他说：“任何一个希望获得成功的人，都不要把时间浪费在个人的成见上，也不能浪费时间去承受结果，包括因他不能控制自己的情绪、脾气而产生的等。展示自己也不要太过分。与一只狗争路权而被狗咬了的话，还不如把路让给狗，即使你杀了那只狗，你那被咬的伤口还是无法治好。”

所以，我们若想让他人信服我们，就记住第一条原则：避免与人辩论。

12.要比别人聪明，但不要让他们知道

卡耐基金言

你无法教别人什么，你只能帮助他们去发现而已。

如果你希望别人信服你，你要记住：尊重别人的意见，永远不要直接说："你错了。"

西奥多·罗斯福总统还在白宫的时候，他说，他的判断假如能达到百分之七十五的准确率，那么，他在行事中就能达到最高的境界。

像罗斯福这样的伟人对自己的判断准确率都只估算在百分之七十五左右，我们平凡人又该当如何呢？

如果你能确保自己的准确率在百分之五十五的话，那么，只要你愿意跻身华尔街，你就能日进斗金。而如果你不能确保这一点，那么，你又凭借什么来指责别人犯错呢？你指出别人错误的方式有很多种，比如眼神、音调或者是手势，但你要明白的是，当你指出对方错误时，对方会因此认同你吗？当然不会！因为在那一刻你已经否定了他的智商、判断力等，这会让对方开始反击你，这样还是不会改变他的观点。可能你会说，用康德和柏拉图的逻辑理论来反驳应该有说服力了吧，我告诉你还是没有用，因为他们的感情已经被你伤害了。

在任何谈话中，千万不要在刚开始就宣称："我要证明给你看。"这简直是在表达你比他聪明和必须要改变他的看法的含

义。这种做法实在太不明智了，无疑会让对方对你产生反感。在这种情况下，要想真正改变对方的想法简直不大可能了。所以，为什么要打草惊蛇呢？为什么要弄巧成拙呢？为什么又要给自己添麻烦呢？如果你想证明什么，大可以在不让他人知道、不着痕迹的情况下，带着技巧去做，这就像诗人波普的诗句中所说的那样：当你在改变别人的时候，要装得好像若无其事一样。事情要不知不觉地提出来，好像被人遗忘一样。

300多年前，科学家伽利略说过：你无法教别人什么，你只能帮助他们去发现而已。

苏格拉底也一再告诉他的门徒们：我唯一知道的，就是我不知道什么。

查斯特菲尔德爵士也曾对他的儿子说过这样的话：要比别人聪明，但不要让他们知道。

看吧，我们不会比苏格拉底更博学，所以，从明天起，再也不要自作聪明地去指出别人的错误了，因为你会为此付出代价。即便你真的认为你是对的，对方确实错了，你最好还是转变一下说法："慢着，请等等，我有一个想法，也不知道对不对，如果我说的不对，请一定要帮我指正，让我们共同来探讨这件事。"

尤其是这句："如果我说的不对，请一定要帮我指正，让我们共同来探讨这件事。"要知道，这句话似乎天底下没有人会反驳。

在我的训练班上，有一位学员叫哈洛·雷恩克，他是道奇汽车在蒙大拿州的代理商，他就是运用这种方法处理客户纠纷的。

在他的报告中，他说，现在的汽车行业确实竞争激烈，为此，面对那些客户提出的投诉案件，我们很多同事表现得十分冷漠和无情，这让不少客户感到愤怒，甚至让我们的生意泡汤。

他对班上的其他成员说："后来我将事情思前想后考虑了一遍，我就知道该怎么做了。我改变了做事的方法，当我的客户投诉和抱怨时，我这样回答：'我们公司的同事确实犯了不少错误，我为此感到十分抱歉，请把你遇到的情况详细告诉我。'"

"很快，我发现，那些客户的怒气就这样被化解了。当客户的情绪一放松，在处理事情的过程中，我与他讲起道理来就方便多了。很多客户对我的良好的态度表示感谢，其中有两个客户在事后还带着他的两个朋友来买车。说实话，随着汽车市场竞争的加大，我确实需要这样的客户为我介绍生意，而我相信一点，始终尊重客户的意见，对客户谦逊有礼，这是我赢得竞争的重要资本。"

要知道，认错绝对不会让你引来麻烦，相反，也只有这样，才能解决人与人之间的争论，引导对方和你一样宽容，甚至还有可能认识到自己的错误。

一次，我想把家里的窗帘重新设计一下，于是，我找来了一位装潢师，可是当我看到账单的时候，确实被价钱吓了一大跳。

过了几天，有个朋友来看我，她看到那些新换的窗帘后问我价钱，在得知我花了高价做了这些改变后，她以很吃惊的态度说："什么？真是不可思议，我想你肯定是被骗了。"

我也知道这些窗帘的价钱不便宜，但是我很少听到有人这样评价我的行为。于是，我开始为自己辩解，告诉她便宜没好货的道理。

就在她走后的第二天，我的另外一个朋友也来看我，她对那些窗帘赞不绝口，说我品味不错，还说自己也希望以后能买得起这样好的货色，我的反应也与昨天的完全不同，我对她说："说实话，我也差点儿支付不起这样高昂的货品，我现在也后悔为什么不在刚开始先谈好价钱呢。"

当我们做错事时，也许会在私下里承认。如果和我们交谈的人，他的态度能平和点，或者有技巧地劝服，我们也会坦诚自己的错误，甚至还自认为自己心胸宽广、坦白，不过，假如我们觉得对方是有意刁难我们的话，那么，情况就完全不同了。

我现在已经了解到一点，面对别人的错误，如果你不加掩饰地指出来，那么，无论多好的意见，对方也不会接受，甚至觉得被你伤害了，因为你让对方颜面无存。

我们都知道马丁·路德·金是一位和平主义者，有人问他为什么倾向于白人将领丹尼尔·詹姆斯，而不是黑人高级官员，马丁·路德·金回答："我判断别人，是用别人的原则，而不是自己的。"

还有一个故事：有一次，罗伯特·李将军和南方联邦总统的杰斐逊·戴维斯在谈话时提到他们手下的一位军官，李将军很赞赏这位军官，而另外一个军官对这样的评价感到很诧异，他问李将军："难道你不知道他经常在背后诋毁和攻击你吗？""我知道，不过总统当时问我的是我对他的评价，而不是他对我的看法。"

千万不要和你的爱人、顾客或敌人发生冲突，也不要指责他们错了，如果非要指出来的话，你也得运用一点技巧。所以，如果你希望别人信服你，你就要记住第二大原则：尊重别人的意见，永远不要直接说："你错了。"

13.敢于承认错误的人是高尚的

卡耐基金言

如果你能承认自己的错误，就会给别人一种内心高尚的感觉。

当我们做错了的时候，我们要诚实地面对自己，并立即承认自己的错误。只要你尝试，你会发现，这种方法能产生惊人的效果，不管你信不信，在很多时候，这比为自己辩护更有趣味。

从我家往外走不到一分钟的距离，就有一片森林。春天来的时候，森林的野花盛开，松鼠上窜下跳、在森林里建筑巢穴，马草长得很茂盛，我把这块完整的林地叫森林园，实际上，这确实是一个森林园， 我发现它的时候就像哥伦布发现新大陆一样。一有时间，我就带着我的波斯狗瑞克斯去森林园散步，它是一只可爱喜人的小狗，因为森林园中无人，所以我经常不给他系上皮带或者口笼。

一天，正当我们在园中散步的时候，遇到了一位想展示自己权威的警察。

他对我说："你不给它会系上皮带，也不给它带上口笼，还让它在森林园中乱跑，难道你不知道这是犯法的吗？你为什么要这样做？”他的语气中全是责备。

我回答他：“我知道是犯法的，但是我觉得这里四下无人，它也不会对别人造成什么伤害。”

“那是你认为的，法律却不管你怎么想，又不是你的法律，你的那只狗也许会伤害别的孩子或者小松鼠，这次我先不跟你计较、放你一马，但是如果再让我看见你带着你的小狗在这里溜达，还不给它戴上口笼或系上皮带的话，那么，我就会把你交给法官处置了。”

我只好很谦恭地答应了他。

当然，我真的遵守了几次，但我的小狗瑞克斯确实不喜欢系皮带或者戴口笼，我也不想让瑞克斯不开心，所以我经常会格外小心带它出门，不给它系皮带或戴口笼。起初确实没什么，但是后来发生了一件事。一天下午，我又带着瑞克斯出门了，我们一起在小土丘上玩耍，突然我看见那个总是把法律挂在嘴上的警察骑着一匹红棕色的高头大马出现在我们前方。

我知道我说什么都晚了。于是，我决定在他开口之前先承认自己的错误，于是，我说：“我尊敬的警官先生，现在，我被你抓了个现形，我确实犯法了，我没有任何借口，就在上个星期你说再看见我不给小狗戴上口笼或者系上皮带，你就要把我交给法官处理。”

当我一股脑儿说完这些话后，没想到他的口气却温柔多了，他对我说：“我也能理解，当这里四下无人的时候，让一只小狗在这里自由自在地跑来跑去，确实是一件很诱人的事。”

“是啊，太诱人，但确实也是犯法的。”我继续认错。

“不过这样的小狗是不会伤害到人的。”他倒替我辩护起来。

“不，但它也可能会伤害松鼠。”我说。

“哦，我觉得你对这件事太较真了，我告诉你一个办法啊，只要你抱着它跑到土丘那边去，让我看不到它，我想这件事我就可以当看不见了。”

现在想来看看，这位警察也确实挺有人情味的，不过我清楚一点，他需要的是自重感。当我开始承认自己错误并感到自责时，唯一能让他的自重感爆棚的办法就是对我采取宽容的态度，以显出他是一个宽大为怀、具有慈悲心的人。但如果我为自己辩护的话，情况就不得而知了，不过我知道，和一名警察争辩，我是不会赢的。因为无论事实到底如何，警察绝对是正确，而我绝对是错误的。于是，明智的我立即坦白了自己的错误，然后还热忱地承认了，很快，这件事便愉快地解决了。

其实，如果当我们知道已经无法避免一场责备时，我们还不如先责备自己，这样难道不是比让别人来责备你好得多吗？听自己批评自己，不是比忍受别人的斥责容易得多吗？而如果你能把那些正要被人说出来的批评的话先说出来的话，那么，为了提升自己的自重感，对方就会宽容你。这就如同我的经历中那位警察宽容对待我和我的瑞克斯一样。

相反，那些实际愚蠢却自以为聪明的人总是会为自己的错误辩论，并且，多数愚蠢的人都会这样做。而如果你能承认自己的错误，就会给别人一种内心高尚的感觉。比如，关于李将军的故事，历史所记载的显现他高贵品德的事迹就是毕克德在葛底斯堡冲锋失败后进行的自责。

无疑，毕克德在战场的大无畏精神，大概是美国历史上让人们津津乐道的最为光荣的英雄之举。他留有一头褐色的长发，几乎已经到了肩背。而且，和拿破仑在意大利战场一样，他几乎每天都会为自己的情人写一封热烈的情书。

那是七月的一个下午，毕克德和往常一样歪戴着他那个性十足的帽子，骑着一匹健美的大马，带着他的士兵们高昂地往前走着，人山人海、旗帜飘扬、闪烁着光泽的刺刀，场面太壮观了。其实那时，联军已经在隐隐地嘲笑他们了。

毕克德带着他的军队，踏着轻快的步子，一步一步往前走。就在此时，敌人的大炮毫无预兆地开始轰炸他们，原来那些联军早就隐藏在墓山脊的石墙后面，他们卯足了劲儿向毕克德的军队开火，他们架起了一排又一排的枪。瞬间，整个山顶成了火海，到处是鲜血和刺刀。就在短短的几分钟之内，毕克德的五千部下死伤过半，连旅长们也都被击毙了。

联军统帅阿密斯坦面对即将胜利的战事，赶紧带着自己的军队，做最后的冲杀，他们跨过石墙，举着刺刀，然后大喊：“冲啊，战士们！”

毕克德的士兵们也跳过墙头，然后冲上去和联军展开了一场短兵相接的战斗，最后，终于把南军的战旗插到墓山脊上。但那面战旗只是在墓山脊上飘荡了不一会儿就消失了。

这场冲锋，虽然毕克德是勇敢的，但最终还是失败了，南方军队无法深入北方。

李将军为此极为悲痛。当时任职南方同盟政府的总统是戴维斯，李将军向戴维斯提出辞呈，并希望总统能另外指派“一个能力强的人”。

的确，如果李将军将这次战斗失利归罪为别人，他总是能找到理由，比如，有些师长指挥能力不足、马队到达得太迟，无法协助步兵进攻等，这里不对，那里不对等。

但李将军是个内心高贵的人，他没有把责任归到任何人身上。当战事失利、毕克德带着剩下的一些士兵挣扎着回到同盟阵线的时候，李将军独自一人骑着马去迎接他们，并不断地自责：“这全是我的错，是我一个人失败了。”

想想看，我们的历史上，有多少人能有李将军这样的气魄、胆量和品格呢？

当我们做得对的时候，我们要采用平和的态度、用巧妙的方法得到他人的信服；当我们做错了的时候，我们要诚实地面对自己，并立即承认自己的错误。只要你尝试，你会发现，这种方法能产生惊人的效果，不管你信不信，在很多时候，这比为自己辩护更有趣味。

不要忘记这样一句话：“争辩永远不会让你得到满足，但是让步却让你得到的比期望的还多。”

所以，如果你希望别人信服你，请记住第三大原则：如果你错了，请立即真诚地承认。

14.温和友善地与人相处

卡耐基金言

温暖胜于严寒，温情往往比冷酷更能打动人心。

如果你想赢得人心，就要以友善的方式开始。

那是1915年发生的事，那个时候，我们的石油大王洛克菲勒还是科罗拉多州一个不起眼的小人物。小洛克菲勒当时负责的是美国科罗拉多州的一家钢铁公司的管理工作。而当时，美国工业史上正爆发了最激烈的罢工，并且持续了两年之久。当时贫困线上的矿工们愤怒极了，因为他们的薪水太低，他们要求钢铁公司提高待遇。这些已经失去理智的矿工们将公司的财产破坏了，最后，军队前来镇压，造成了流血牺牲，不少可怜的工人们被杀害了。

在那样激烈的情况下，可谓民怨沸腾，但是聪敏的小洛克菲勒却让罢工者们信服了，他到底是怎么做的呢?

刚开始，小洛克菲勒花了几周时间去结交朋友，并把那些罢工者代表召集起来，然后进行了一场演说，可以说，这场谈话在罢工者心里是永恒的，小洛克菲勒不仅平息了众怒，还为自己赢得了赞赏。演说的内容是这样的：

在我的一生中，今天绝对是一个让我难忘的日子。因为今天我第一次有幸能和这家大公司的员工代表们见面，还有众多的公司行政人员、管理人员。我要说的是，现在我很高兴，很高兴站在这里和大家见面。而假如这次聚会是在两周以前举行的，那么，对于你们来说，我就只是一个陌生人而已，而对于你们，我大概也就只记得其中的几张面孔。

上个星期，我去拜访了整个南区矿场的营地，和大部分工人代表交谈过，我去看过你们和你们的亲人，所以现在我们并不是陌生人了，我们是朋友。基于我们这样互助的友谊，我很高兴在这里和大家一起讨论我们的共同利益。

此次聚会是由资方和劳方共同组织的，感谢你们的信任，让我坐在这里和你们一起讨论，即便我不代表你们中的任何一方，但是我深感与两方都关系密切。所以，从此看来，我也代表了资方和劳方。

多么精彩绝伦的一次演说！这才是化敌为友的最佳方式。而如果小洛克菲勒采用的是另一种方法，他与矿工们争论谁是谁非，或者用不堪入耳的话骂他们，或者寻找各种理由来证明矿工们是错误的，那么，结果我们可想而知：势必会引发更多的不满和暴行。

一百多年前，林肯说了这样一番话：

假如在他人的心中，有愤愤不平的情绪，对你印象恶劣，那么即便把那些基督理论搬出来，也无法使他们信服于你。生活中到处都是这样的例子，想想总是对你求全责备的父母、专制跋扈的上司、喋喋不休的妻子，的确，唯一很难改变的就是人们的思想，你无法强迫他们同意你的观点，但是你完全有可能去逐步引导他们，只要你采用的是友善、技巧性的话语。

这是一句古老但亘古不变的道理："一滴蜂蜜要比一加仑的胆汁更能招惹苍蝇。"人与人之间的相处也是如此，如果你想赢得人心，首先就要让他相信你是他最真诚的朋友，那就好比你在他的心头滴上了一滴蜂蜜，他的心被你吸住了，这样，你就找到了一把开启他心门的钥匙。

在律师界，有个很权威的名字——丹尼尔·韦伯斯，他被很多人奉若神明，但是即便有如此高的声誉，他在公堂之上一直都使用的是那些温和的字眼，在他的辩论中，他常常使用这样的语句："也许这值得再深思"、"这还有待陪审团的考虑"、"我想这里有些事实您还没有忽略掉"、"我想，出于您对人性的了解，应该很容易看出这件事的重大意义"——所有这些话，都没有威胁、没有高压，更没有强迫。韦伯斯使用的都是一些最温和和最友善的处理方式，但却彰显了他的权威，这就是其最大的成功之处。

也许你并不需要去处理小洛克菲勒遇到的那种罢工运动，也不需要在陪审团成员面前发表演说，但是，你绝对有机会遇到下面我说的情况：

施特劳伯是位工程师，他租住在一间公寓里，但房租确实不低，他想劝说房东能减低房租。但听其他的房客说房东是一位铁面无情的人，估计很难说服。

在一次训练班的报告上，他陈述了这件事："我给他写了一封信，在信上，我对他说，等租约期限一到，我就会搬出去。不过我并不想搬家，只是希望能降低房租而已。我很愿意继续住下去，但我也明白，其他房客都试过跟他谈谈，但都失败了。他们还提醒我，这位房东不是一位好应付的人，让我特别小心，我对自己说：'我最近正选修一门课呢，我正好拿这件事练练手。'

在接到我的信后，房东很快就来了，我开了门，跟他打招呼，说了些热情的问候语，我也没有提到他的房租定的太高的事，只是一直在表达我对这栋公寓的喜欢之情。请相信我，我确实是一直在赞美他的房子，我还恭维他会管理房子，但如果不是我交不起房租的话，我很愿意一直租住下去。

我发现，可能是他从来没有遇到过我这样的租客，所以一时间有点手足无措了。他还告诉我一些关于他的房客让他感到困扰的事。'有人写了14封信，其实我能听出来，这些话是在侮辱我，居然还有人叫我让楼上的人停止打鼾，否则他就违约不交房租，这简直是无理取闹。像你这样的房客，实在太少了，我也减轻了不少麻烦。'并且，在我还没提减租一事之前，他居然主动为我减低了一些房租。后来，在我们谈完他离开的时候，他居然还突然转过身来问我房子还有哪里需要装修的。我想，这次，假如我用和其他租客一样的方法要求减租，相信我游说的结果也会和他们一样，这就是友好、赞扬所带来的力量吧。"

请记住林肯的话："一滴蜂蜜要比一加仑的胆汁更能招惹苍蝇。"当你希望获得他人的信服时，请记住第四大原则：以友善的方式开始。

第五篇

说服他人的技巧

15.表达你的赞赏之情

卡耐基金言

真诚地称赞并欣赏他人。

当我们听到别人对我们的优点加以赞赏之后，对于那些缺点，接受起来也就容易得多了。

约翰·卡尔文·柯立芝于1923 年成为美国总统。关于这位柯立芝，我的朋友曾告诉我一个关于他的故事：

他有一位漂亮的女秘书，人虽长得很好，但工作中却常因粗心而出错。

一天早晨，柯立芝看见秘书走进办公室，便对她说：“今天你穿的这身衣服真漂亮，正适合你这样漂亮的小姐。”这句话出自柯立芝之口，简直让女秘书受宠若惊。柯立芝接着说：“但也不要骄傲，我相信你同样能把公文处理得像你一样漂亮。”果然从那天起，女秘书在处理公文时很少出错了。

我的这位朋友知道了这件事后，便问柯立芝：“这个方法很妙，你是怎么想出来的？”柯立芝得意扬扬地说：“这很简单，你看见过理发师给人刮胡子吗？他要先给人涂些肥皂水，为什么呀，就是为了刮起来使人不觉得痛。”

这则故事中，柯立芝批评女秘书的方法是值得很多人学习的。

我们都知道，林肯曾给毕克斯夫人写过一封信，因为她在战争中失去了五个儿子，林肯希望自己的安慰能让她的心里好受些，我们称之为第一封信。后来，林肯又写过第二封信，这封信大概花了五分钟时间，它曾在1926年公开拍卖，售价是1.2万美元——这简直比林肯本人辛苦工作五十年的薪水还多。

这封信是在1862年4月26日——内战最黑暗的时候写的，那时候，林肯和他的联军已经接连经历了18个月的失败。看不到希望的士兵们从军队中逃跑，甚至一些参议院的共和党员也开始叛乱，并威逼林肯从白宫离开。林肯后来回忆此事时说："那时我们处在死亡的边缘上。我觉得上帝好像都开始反对我们了，我几乎看不到一点点希望。"那是多么黑暗的一段时光，而这封信就是产生于那个时期。

接下来就是这封信的内容，我们能看出林肯在当时是怎样处理这一政变的，可以说，那个时候，全国的成败命运就系在了林肯一人身上。这大概是林肯在成为美国总统以后写的最锐利的一封信，不过我要提醒你的是，林肯在提到他的严重的错误以前，先称赞了胡格将军。

的确，即便林肯明白那是些很严重的错误，但是林肯却没有用这样的词语来形容，而是用委婉的批评方式，显示了他出色的外交手段。在信中，他说："有些事我对你不是十分满意。"下面是这封信的具体内容：

我认为，将军您是军队最主要的人，我这样说，是有充足的理由的。但是我想，确实也有一些事，我对您不是十分满意。

我知道您是一位有勇有谋的将军，这是我很喜欢的一点，我也知道您不会将政治和职务混为一谈，我认为这样做也是对的，你是个自信的人，这更是一种有价值的、不可或缺的个性品质。

您是志向远大的人，这在很大的范围内是有益无害的。只是当我在授予柏恩塞将军权力希望他能带领军队的时候，你出于个人意志，想竭力阻止他。我不得不说，在这件事上，无论是对柏恩塞将军还是对一个国家，你都犯了一个不小的错误。

我最近听说，你说我们的军队和政府都需要一位独裁者，当然，我给你独裁权绝不是因为这个原因。我知道一点，谁要想成为独裁者，就必须要成为胜利的将领。如果你能取得军事的胜利，那么，我可以将独裁权给你。

同帮助以往其他任何的将领一样，政府也在尽力帮助你。我很担心的是，你所灌输给军队的批评将领以及不信任他的精神，现在也将加到你身上了，那么，我一定要努力把这一精神从你的思维中去除掉。

不管是你，还是拿破仑，如果你们所带领的军队中还有这种精神的话，那么，你们都绝对无法从军队中得到什么益处。所以，现在，我们要小心翼翼，要一步一个脚印，要不断朝前努力，最终，我们会获得胜利。

读完这封信，我们能读懂信背后暗藏着的严肃认真的谴责，但一字一句都说得十分委婉、诚恳，那位将军读完这封信，怎么会不衷心感动而自愿效忠林肯呢？这大概就是一位总统的过人之处。

也许你会说，我又不是柯立芝、麦金利或林肯，但你要知道，这一处世哲学在日常的生活和工作中同样能起到作用。我们不妨再来看看费城的华克公司的高伍先生的经历吧：

高伍是和你我一样十分普通的人，于我在费城举办的训练班中，他曾学习过一段时间。在一次班级演说中，他谈到了自己的一次经历：

华克公司在费城承包了一栋办公大厦的建筑工程，这项工程是有限制完工日期的。原本一切都按部就班地进行着，眼看工程就要结束了。然而，就在此时，负责工程材料供应的商人却突然说他们无法如期把一些材料送过来，也就是说，完工日期肯定会延后。那么，整个工程都会受到影响，华克公司面临的就是巨额的违约金。多么惨重的损失啊，都是供应商造成的。

公司负责人赶紧与这家供应商打电话进行沟通、与之辩论但都毫无用处。于是，在毫无办法的情况下，华克公司决定派高伍先生去试试看。

这天，高伍先生来到这位经理的办公室，进去后，他开口便问："您知道您的姓名在勃洛克林是绝无仅有的吗？"听到有人问这样的问题，这位经理很诧异的样子，然后回答："不，我并不知道。"

"是吧，今天下午当我从火车站出来后，我在勃洛克林的电话本中寻找你的电话，当我按照您的名字翻找时，发现整个勃洛克林只有一个叫这个姓名的。"高伍先生说。

"我还真不知道呢！"听完高伍先生的话，这位经理赶紧拿出放在身边的电话本，然后一边翻找一边说："那不是普通的姓名，我的家族不是美国本土姓氏，是200多年前从荷兰搬到纽约的。”接着，他又对自己的家族和祖先谈了几分钟。当他说完这些时，高伍先生明白那些赞美的话起到作用了，然后，高伍先生又赞美他有多么大的一家工厂，而且比他从前参观过的任何一家工厂都要好：“我从未见过一家清洁工作做得如此好的工厂。”

听到高伍先生这样的恭维，经理接着说：“我在这项事业上倾注了一生的心血了，我为此感到自豪，高伍先生，你想不想参观一下我的工厂呢？”高伍先生当然乐意。在参观的时候，高伍先生还赞美他的构造系统，他还发表自己的意见，说自己终于知道为什么这位经理的工厂比其他人的都要好。对于他看到的几种特别的机器，高伍先生也给予了评论，经理讲解了那些机器是怎样运转的以及它们所生产出来的产品如何的优良。到最后，他坚持要请高伍先生吃午饭。但即使到此时，高伍先生也未曾提到自己此行的目的。

在他们用完午饭以后，经理说：“好吧，到这里，我也知道您今天来我这里的目的，我刚开始也没预料到我们之间的交谈会这样愉快，你可以给我捎个话回费城，就说你们公司需要的材料我们会立即送去，即便其他公司的订货我不得不延迟。”

这里，在会谈中，高伍先生从未提到过自己的要求，就达到了自己的目的。材料按期送到，整个工程也在规定时间内交工了。试想一下，假如高伍先生和其他人一样，使用那些别人常用的争论的方法，那会怎样呢？还会有这样良好的结果吗？

所以，如果你想说服别人，就要懂得遵循第一项原则：真诚地称赞并欣赏他人。

16.别直接点明他人的错误

卡耐基金言

生活中不少人自以为自己很聪明，他们通常在给别人真诚的赞美之后，却在后面加上一个词语“但是”，然后开始进行批评。

委婉间接地提出别人的过失，要比直接说出来温和得多，而且，还不会让别人产生反感的情绪。

查理·夏布有一间工厂，这天下午，他在工厂门口看到几个员工在抽烟，夏布看了看他们头上的那块牌子，上面写的正是“请勿吸烟”，那么，此时，夏布先生是怎么做的呢？

夏布先生并没有冲这些员工们说：“你们难道就看不到这上面的字吗？”而是和颜悦色地走过去，然后递给他们每个人一支烟，说：“嘿，老兄，如果你们能到外面抽的话，我会很感谢你们。”员工们当然知道自己做错了，违反了厂里的规定，但他们的老板不但没有惩罚他们，居然还给他们每人送了一样小礼物，对于这样的老板，他们能不尊重吗？

在很多大的公司、企业或者组织中，那些身为领导的管理者似乎总是日理万机、难以觐见，忙是一个方面，但一个更为重要的原因是助手的阻拦作用。他们不希望自己的领导有过重的工作负担，因此，他们常“自作主张”为领导挡掉了不少求见者。

卡尔·朗佛曾担任佛罗里达州奥兰多市的市长，也就是孩子们最向往的迪斯尼乐园的所在地。在他任职市长期间，他经常嘱咐下属要让那些前来的百姓进来见他，这便是他的开门政策，但是秘书还是经常把那些市民挡在门外。

后来，睿智的市长想出了一个解决的方法——他把门从办公室移走！这当然只是一个象征性的行为，但却让秘书明白了市长要关心民生问题的决心，从此，秘书也就不再阻挠市长接见市民了。

其实，我们发现，生活中不少人自以为自己很聪明，他们通常在给别人真诚的赞美之后，却在后面加上一个词语“但是”，然后开始进行批评。举个很简单的例子，一些人想让孩子改正学习不认真的态度，很可能会这样说：“杰克，这次考试不错，成绩进步了，我们为你高兴，但是如果你再在代数上下点功夫，那就更好了。”

这个例子中，本来少年杰克受到了父母的鼓舞，满心欢喜，但在听到“但是”这一词语后，很可能就会对原本给他的赞美之辞也产生质疑。在他以后听到父母的赞赏时，也可能认为这只是批评的前奏而已，赞美也会因此而大打折扣，杰克也不会真的因为父母的话而努力学习。

而此处，假如杰克的父母把这句话改动两个字，效果也许完全不一样：“杰克，这次考试成绩不错，我们很高兴，如果你能在代数方面也再努力一把的话，想必能比其他科目更优秀。”

这样的话，杰克一定会认为是最诚心的赞美了，因为后面没有再附加转折。并且，我们也间接提醒了孩子他应该改进的事项，他自然会从中受到鼓舞，以此来让自己达到我们的期望。

委婉间接地提出别人的过失，要比直接说出来温和得多，而且，还不会让别人产生反感的情绪。玛姬·贾可布有一次在跟我交谈的过程中，提到自己是如何让那些行为懒散的建筑工人养成良好的事后清理的好习惯的。

贾可布太太请了几位建筑工人来加盖自己的房间，刚开始几天，当贾可布太太回家的时候，她看到被弄得乱七八糟的院子和四处可见的木头屑时，确实有点生气。但是她并没有直接表达出来，因为这些工人技术确实不错，贾可布不想让工人们产生反感的情绪而影响工作，所以她想到了一个解决的办法。

这天等工人们离开后，她叫来孩子们，大家一起把那些木屑清理干净，然后堆在院子的角落里。第二天早上，当工人们来开工的时候，她把工头叫过来，对他说："你们昨天离开之前把这些木屑清理干净，我很高兴，这样那些邻居们终于不跟我抱怨了。"从那天以后，工人们每天在完工之后，都会主动把那些木屑堆到院子的角落里，工头也会监督这些工人每天这样做。

所以假如你想说服他人的话，就应该遵循第二项原则：见解委婉地指出他人的错误。

17.不要总是责怪他人

卡耐基金言

出色敏捷的判断力并非生来就有，需要在工作中积累经验。

在指责别人做错什么之前，先想想自己的错误。

我有个侄女叫乔瑟芬·卡耐基，今年22岁，她已经是十分干练的秘书了。三年前的她刚从高中毕业，没什么做事的经验，我安排她来担任我的秘书。那个时候的她十分脆弱敏感。有一次，因为工作没做到位，我准备责备她，但在开口之前，我做了一番思考：等等，戴尔·卡耐基，你自己算一下，你的年纪都有乔瑟芬的两倍了，你肯定比她更成熟、做事更有经验，你怎么能要求她跟你有一样的看法、判断力和主动的精神呢？当然，你自己也并不出色，你再回过头来想想，你自己在19岁的时候又是怎样呢？你还记得你曾经像一头蠢驴一样犯的错误吗？你还记得多少呢？

当我想到这里的时候，我不得不下一个结论——乔瑟芬比我19岁的时候要好得多，想到这里，我更加惭愧了，因为我从来没有夸赞过我这个已经十分优秀的侄女。

于是，从那次以后，每当乔瑟芬犯错时，我都这样告诉她："乔瑟芬，我必须要说，你犯了一个错误，但是如果我不承认的话老天也会知道，我在年轻的时候也常常如此。要知道，出色敏捷的判断力并非生来就有，需要在工作中积累经验，更何况，当我还在你这个年纪的时候，我还不如你呢。我根本没有资格去批评任何人，但是从我的经验来看，如果你这样做的话，不是更好吗？"

让任何人听别人数落自己的过失都很难，但是如果对方谦逊地承认自己也并非完美的话，我们似乎在接受起来会容易得多。

迪利斯通是加拿大的一位工程师。在工作中，他发现自己的秘书经常将那些口授的信件拼错字，差不多每一页纸上都能找到两三个错字，那么，怎样才能让秘书改正这一错误呢？

迪利斯通后来在谈到此事时说："可能不少人以为我和其他的工程师一样，英文或拼写能力并不是很好。这几年来，在工作中，我逐渐养成了一个习惯，那就是随身会携带一个小的笔记本，只要发现自己的某个拼写错误，我就记下来。我的秘书是个马虎的人，虽然我已经好几次指出他的错误，但他似乎根本没听进去，也没有想改正的意思。所以，我决定还是改变一下方式。后来有一次，我又发现了他拼写错误，于是，我坐到打字机旁，然后说：'这个字好像不对，我好像也常把这个字拼错，幸亏我随身携带了这个小笔记本。哦，你看，这个字就在这儿。现在，我很在意自己的拼写，如果不注意的话，就有可能成为别人批评我们不专业的理由。'

我不知道他后来有没有运用我的方法来改正拼写错误，但我可以肯定的是，我的话对他起到作用了。后来，他很少再拼错字了。"

承认一个人本身的错误，即便现在你还没有改正过来，也可以帮助你改善行为。下面我说的是克莱伦斯·泽休森讲述的故事。

克莱伦斯·泽休森最近发现他15岁的儿子好像在抽烟，他这样说："我当然不愿意我们的儿子抽烟，他还小，会影响身体。不过这都是我们的错，我和他妈妈都抽烟，这给大卫做了不好的榜样。我向大卫解释，我在年轻的时候也是慢慢学会抽烟的，确实被烟瘾所害，但是现在已经无法戒掉了，我经常在夜里咳嗽，我提醒他，假如他不及时停止的话，以后可能也会跟我一样。

在劝大卫的时候，我并没有直接勒令他不许抽烟，也没有告诫他抽烟的危险，我只是说出了我自己的经历——如何染上烟瘾和被烟瘾所害的。

在我说完那些话后，大卫沉思了一会儿，然后告诉我他决定在高中毕业之前都绝不抽烟，当然，后来又过了几年，他一直也没再抽烟，也没有再抽烟的意思。而我在那次和儿子的交谈后也决定戒烟，并且，在家人的帮助下，我真的做到了。”

所以，如果你想说服他人的话，那么，你要掌握第三项原则：在指责别人做错什么之前，先想想自己的错误。

18.别趾高气扬地命令他人

卡耐基金言

趾高气扬地命令他人，只会让他人反抗，即便他能认识到你的命令是出于希望他能改正错误的目的。

如果你是一名聪明的领导，并想说服他人，那么永远不要指使别人，以提问的方式代替命令。

有一次，因为机缘巧合，我十分荣幸地与资深传记作家伊达·塔贝儿共进晚餐。席间，我向她谈及了我现在正在写的这本书，于是我们便讨论起了如何与人相处这个话题。她告诉我一件事：当她在写《欧文·杨传》的时候，曾访问了一位与杨先生共事三年的人，这位先生告诉她，他们在一起工作那么久，从来没有听过杨先生指使别人，也不命令，只是建议。比如，欧文·杨不会说：“你去做这个，去做那个”或者“别这样做，别那样做。”而是说：“你可以考虑一下这样……”或者“你觉得那样有用吗”……当助手把写好的文件交给他时，他会说：“也许你这样写更妥当些。”他从不指使助手做什么，而是让他们自己去做，让他们自己认识到错误，并从错误中学习。

这种办法能让一个人保持个人尊严，给他一种自重感，与此同时，他还能认识到自己的错误。最重要的是，他会愿意与你合作，而不是背叛。相反，趾高气扬地命令他人，只会让他人反抗，即便他能认识到你的命令是出于希望他能改正错误的目的。我曾经听过宾州的一位教师丹·桑塔雷利说过一个故事：

有一天，一位老师在来到学校后发现有学生把车停在了错误的地方，它挡住了别人的路。然后，他气势汹汹地冲进教室喊：“是谁的车子停在了通道口的地方？”

“马上把你的车子从那里挪开，不然我就叫拖车了。”等车的主人回答完是自己停的以后，这位教师厉声呵斥道。

这名学生确实是犯了错，车子确实停在了不该停的地方，但是，因为老师的严厉批评，这位学生对老师心存不满，甚至其他的学生也开始经常故意捣乱，让这位老师经常为此困扰。假如这位老师能用不同的方式处理这件事，结果又如何呢？他可以态度温和地说：“谁的车挡住了通道？建议您把车挪开，以方便别人通行。”相信这名学生会十分乐意这么做，并且，其他学生也不会因此捣乱。

伊安·麦当劳是南非约翰内斯堡一家小工厂的经理，这家工厂主要生产的是一些精密机器零件。

最近，麦当劳接到一笔订单，有人愿意向他们订购一大批货物，但前提是这家工厂能保证在限定日期内交货。然而，麦当劳把工厂最近的生产任务都已经安排好了，要想临时加进去一项生产任务，还要准时交货，确实有难度。然而，麦当劳并没有催促工人们赶工，他只是把工人们都召集到一起，把事情的详细情况说了一遍，然后便开始提出问题。

“我们有什么办法可以处理这批订货？”

“有没有人能想出其他办法，看我们能不能在规定时间内赶出这批订货？”

“我们看看能不能找出什么办法调整一下个人的时间或个人分配工作，从而加快生产进度呢？”

听到麦当劳这么说，员工们都踊跃发言，并坚持接下订单，他们告诉麦当劳一定能做到，结果他们真的接下订单，并如期交了货。

所以，如果你是一名聪明的领导，并想说服他人，那么，你就要掌握第四项原则：永远不要指使别人，以提问的方式代替命令。

第六篇

让你的家庭生活永葆快乐的要诀

19.喋喋不休无法让爱情驻足

卡耐基金言

在所有一切烈火中，能将爱情毁灭殆尽的，也是最致命的就是喋喋不休，它简直如同毒蛇的毒汁，不断侵蚀着人们的生命。

拿破仑·彭纳派德是拿破仑三世的侄子，他与美女郁金妮十分相爱，并最终结成连理。对于这一婚事，拿破仑·彭纳派德的顾问们的看法是：她只不过是一位无足轻重的西班牙伯爵的女儿。但拿破仑·彭纳派德却反驳道："那又如何，我已经深深爱上了这位我所敬爱的女人了，我对她十分了解。"的确，拿破仑·彭纳派德已经深深迷上了郁金妮的青春、美貌、优雅，这使他无论如何都要娶她为妻。

拿破仑和他的新婚妻子拥有世界上最有可能带来快乐的外在条件——健康、财富、权力、名誉、美貌等，另外，他们还有对爱情的信仰，然而，他们的爱情还未擦出火花便熄灭了，甚至化为灰烬。拿破仑很爱他的妻子，他可以使她成为万人之上的皇后，他能倾尽所有让她快乐，或者献出他爱情的全部力量，甚至连他的权力、地位都能放弃，但让他无奈的是：无法让她停止喋喋不休。

郁金妮整个人都被嫉妒和多疑包围，她不允许拿破仑有自己的任何隐私，很多时候，不顾他的命令，当拿破仑正忙于国家大事的时候，她莽撞地冲进他的办公室。她甚至不让拿破仑独处，也不让拿破仑与其他任何妇人交往。她没事的时候就去自己的姐姐家抱怨丈夫，她总是喋喋不休、哭泣、抱怨，甚至是恫吓。她会破门而入到拿破仑的书房，向他发脾气和谩骂。拿破仑，即便他身为全法国的皇帝，拥有着至高无上的地位，拥有着富丽堂皇的宫殿，但却无法找到一个容身之处，哪怕只是一个衣橱。

那么，郁金妮为此而付出的代价是什么呢？从莱茵哈德潜心创作的巨著——《拿破仑与郁金妮：一个帝国的悲喜剧》中，我们可见一斑："后来，拿破仑学会了夜间从侧门偷偷地溜出去，他戴一顶软帽，遮住他的眼睛，然后由他的亲信随从着，令人不敢想象的是，他居然真的去了那位一直等待他的美女那里，也许他认为这样能让他呼吸一些新鲜空气，能让他感觉到自己能遨游于这城市之中，能看到些他从未看到过的东西。"

而所有的一切，都是因为郁金妮的喋喋不休造成的。原本，她是全法国容颜最美的女人，然而，她始终喋喋不休的这一毛病让爱情无法驻足，其实这一切都是她自找的，多么可怜又可悲的妇人！

在所有一切烈火中，能将爱情毁灭殆尽的，也是最致命的就是喋喋不休，它简直如同毒蛇的毒汁，不断侵蚀着人们的生命。

发现这一点的，还有托尔斯泰伯爵夫人，但是可惜的是，当人发现的时候已经为时已晚。在她离开这个世界以前，她把女儿们叫到床边，然后向她们承认："我必须要跟你们说，你们父亲的死，是因为我的缘故。”女儿们都失声痛哭，她们知道母亲说的是实话，她们父亲的死，就是因为母亲的不断抱怨和喋喋不休的批评造成的。

其实，托尔斯泰伯爵及其夫人是有着享受快乐的优越条件的，托尔斯泰曾写过巨著《安娜·卡列尼娜》和《战争与和平》，这足以使他永垂文学史册。托尔斯泰伯爵是个很有名望的人，他有大批的追随者，他们甚至终日跟在其身后，把他所说的每句话都记下来，就连“我想我要睡了”这样的话也不放过。除了荣誉外，他还有财产，还有孩子，大概没有谁的婚姻比他们更美满的了。刚开始，他们很幸福。他们也曾一起祈祷，希望万能的上帝让他们一直享受这样的幸福。

后来，因托尔斯泰自身的大转变，一切也都变了。托尔斯泰逐渐觉得曾经他所撰写的那些巨著令他感到羞辱。然后，他专心创作那些小册子，以此来宣传和平、消灭战争和贫穷，他还坦言自己在年轻的时候犯过不少让人无法饶恕的错误，他说自己是个罪人，为了减轻自己的罪恶感，他竟然将自己左右的财产和地产分给了那些穷苦的人，而自己却过着贫苦的生活。他自己种田、砍柴，自己做鞋，自己打扫，用木碗吃饭，并且尽力地爱着他的仇敌。

有人说，托尔斯泰的一生就是个悲剧，悲剧的原因是他和他的妻子的生活观念背道而驰：他喜欢简朴，他的妻子则喜欢生活奢侈、喜欢名誉和人们的赞誉，但这在托尔斯泰看来毫无意义。她喜爱金钱，但他却视金钱如粪土。他们在一起的很多年，她一直责怪和抱怨甚至是叫骂，因为托尔斯泰坚持不收取任何书籍出版费，而她则要那些书产生金钱。一旦他说不，她就又吵又闹，还会在地上打滚，更不可思议的是，为了威胁丈夫，她还拿一瓶鸦片放在嘴边，声称自己要自杀。

在他们的一生中，曾发生过一幕情景，让我们外人都为之动容。在他们刚开始结婚的那些日子里，他们非常快乐；但随后的48年里，托尔斯泰已经无法忍受妻子的行为了，他甚至不想见到她。有时候，这位已经逐渐年迈体衰的妻子会跪在他面前，希望他能再为她读那些昔日在日记里写下的有关她有多艳美的爱情之语。当读到那些已经从他们生命里消逝的时光有多美妙时，他们都哭了。而如今，一切都已改变。

到最后，已经82岁的托尔斯泰实在不能忍受他的妻子了。于是，就在1910年10月的一个雪夜，他从家里逃了出来——他实在不想看见他的妻子，他在街上毫无目的地游荡着，终于在11天后，他因为肺病发作而死在了一个车站，在临死前，他的请求就是希望这个女人永远不要到他的面前。这也许就是托尔斯泰夫人因喋喋不休而付出的惨痛代价。

也许你会说，如果她确实有让她很不满的事情可以喋喋不休呢？也许我们确实能承认这一点，但为什么又不反过来想想——唠叨能给她带来什么好处呢？托尔斯泰夫人后来也对自己评价说："我想我那时候真是神经病。"

有位律师叫海勃格，他在纽约家事法庭任职了11年，他曾查阅过大量的离婚案件，他找到了很多家庭中男人选择离开的一个重要原因，就像波士顿邮报上所说的："很多做妻子的，他们不断地一点一点地挖掘，最终她们将自己送进了婚姻的坟墓。"

所以，如果你希望自己能保持婚姻和家庭生活的快乐，必须要记住第一项原则：切勿喋喋不休！

20.别总是想着改变爱人

卡耐基金言

要为爱情而结婚。

与爱人交往，永远不要试图改造他（她）。

英国伟大的政治家狄斯瑞利曾经关于婚姻说过这样一句话："我必须要承认，在我的一生中，犯过很多的错误，但我永远在打算为爱情而结婚。"的确，在他35岁以前，他没有结过婚，后来，他向一位比他大15岁的寡妇——恩玛丽求婚，其实你不难猜到他的目的是什么，他是为了钱。他们之间不存在爱情。而她也不笨，她明白他并不爱她，只是为了她的金钱，但她也没有拒绝他，而只是提出了一个要求：请他给彼此一年的时间，让她来研究他的品格。很快，一年的时间到了，他们结婚了。

这好像是个听起来让人觉得滑稽可笑的故事，本身也自相矛盾，狄斯瑞利的婚姻与其他人的婚姻模式不同，甚至是玷污了人类关于婚姻的美好愿望。然而，他的婚姻却也是最有生气的。他所选择的寡妇是个既不年轻、也不漂亮，更不聪明的女人，她常常在说话时闹出笑话，因为她会弄错文字和历史知识的运用。比如，她好像永远弄不清楚希腊人和罗马人谁更早出现。她在服饰上的品位奇怪，对室内装饰的品位也相当奇怪，但至少在某个方面，她是个无人企及的天才——和男人相处的艺术。

她并没有在狄斯瑞利面前表现自己所谓的“聪明才智”，更没有与之对抗。经常，当狄斯瑞利与那些尖酸刻薄的公爵夫人们斗智斗勇、满心疲惫地回到家时，恩玛丽的轻松闲谈让他的疲倦一扫而空，他觉得一旦回到家就能感受到安宁和温暖。这些年，他与自己的年长妻子在一起生活的日子，是他一生中最快乐的时光。她就像他的灵魂伴侣、他的顾问和亲信。每天晚上，当他回来后，他都颇迫不及待地将白天自己遇到的新鲜事告诉妻子，当然，最重要的是，他能从妻子那里获得自信——无论何时，恩玛丽都相信自己的丈夫一定会成功。

30年来，恩玛丽总是为狄斯瑞利而生活，她不吝啬自己的财产，因为那会使狄斯瑞利的生活更安逸些。相反，他经常说恩玛丽是他的女英雄，在恩玛丽死后，狄斯瑞利才成为伯爵，而在他还是一个平民时，他就多次劝说维多利亚女王擢升恩玛丽为贵族。所以，1868年，恩玛丽被封为毕根菲尔特女爵。

在他们相处的几十年里，在公共场合下，无论恩玛丽表现出多么没有思想，或者闹出什么样的笑话，狄斯瑞利都不会指责和嘲笑她，相反，假如有人敢欺负或者嘲笑她，他会马上站出来保护她。恩玛丽并不是一个完美的女人，但那几十年里，她总是不厌其烦地在公共场合赞美自己的丈夫，结果呢？狄斯瑞利的感受是："我们结婚30年，我从未对她感觉到厌倦。"

恩玛丽经常会习惯性地告诉她的朋友："谢谢他的恩爱，这30年我们一直很快乐。"在这对恩爱的夫妻间，曾经有一段有趣的对话：

狄斯瑞利："无论怎样，你知道的，我是为了你的钱才跟你结婚的。"

恩玛丽笑着回答说："是啊，不过如果你再选择一次的话，你就会因为爱情而喜欢我了，不是吗？"

"当然……"狄斯瑞利说。

正如詹姆士告诉我们的那样："与人交往，要学习的第一件事就是不要干涉他们自己快乐的特殊方法，如果那些方法与我们不相冲突的话。"所以，如果你希望你的家庭生活快乐的话，请记住第二项原则：不要试图改造你的爱人。

21.真诚地欣赏对方

卡耐基金言

大部分男人在寻找和选择自己的配偶时，并不会像寻找那些精明能干的高级职员一样，而是寻找一个能对自己产生诱惑力、能满足他们的虚荣心，并且能使他们感到优越的人。

当你正要这样向你的爱人表达时，不要害怕让她知道这一点——她在你的快乐中占有很大的比重。

洛杉矶家庭关系研究主任鲍勃诺说：“大部分男人在寻找和选择自己的配偶时，并不会像寻找那些精明能干的高级职员一样，而是寻找一个能对自己产生诱惑力、能满足他们的虚荣心，并且能使他们感到优越的人。”如果一个女办公室主任被某男性邀请一起共进午餐，而她总是谈及大学时代她所感兴趣的哲学问题，并坚持自付餐费，那么，这次吃饭的结果只能是，从此以后她只能独自用餐了。

鲍勃诺还说：“相反，即便是刚来的、一个从未上过大学的女打字员，在应邀吃午餐的时候，若能用温柔的眼神注意她的男伴，并用仰慕的态度说：‘请再为我讲讲那些有关你的事吧。’那么，最后的结果可能是，他也许会向其他人这样评价这位女打字员：‘她虽然不是十分美丽，但她却是我遇到的最会说话的女人了。’”

男性对于女性追求美丽的心态以及她们为此而做的努力应表示赞赏。可能很少有男人注意到，他们身边的女性是如何注重自己的衣着的。比如，一对男女在街上遇到另外的一对男女，这个女子很少看那个男子，而是会留意甚至时不时地回头看看另外那个女子的穿着。

几年前，我的祖母去世了，那个时候她98岁，就在她去世之前不久，我们围在祖母的身边，将一张她自己在30年前拍摄的相片拿给她看，她的双眼昏花，已经看不清楚照片，但却问了我们一个问题："那个时候我穿的什么衣服？"这也是她唯一的问题。我们可以想象一下，一位98岁的老太太，在她即将离开这个世界前，已经卧床不起、记忆力衰竭得连自己的亲人都不认识了，但还是会注意到自己在30年前穿的是什么衣服！那个时候，我就在她的床边，这件事给我留下了深刻的印象，让我难以忘记。

对于很多男人来讲，如果你问他在五年前穿的什么衣服、什么衬衫、什么外套，也许他根本就不会记起来，但女人则不同。在法国的上流社会，男子们都要接受一种训练——赞美女人的衣帽，而且一晚不止一次。在这个问题上，五千万的法国人是不会错的。

在我的简报中有一则小故事，虽然看起来并不属实，但至少让我们明白了一个真理，所以此处我觉得有必要再叙述一遍：

有一位农村妇女，当她劳累了一天后，将一捆草放到她的丈夫面前。还没吃晚饭的丈夫很生气地问她是不是发疯了，她作了这样的回答："啊，我怎么知道你注意了，我为你做了二十多年的饭，在那么久的日子里，我还从未听过一次你说你吃的不是草呢！"

在莫斯科与圣彼得堡，那些生活富裕的贵族们在这一方面也有很好的礼貌，当地流行一种风俗，当他们在享用完丰盛的佳肴时，一定会将厨师叫到跟前，并对他们赞赏一番。

同样，作为男性，为什么你不能体恤一下你的妻子呢？下次当她做了一道很嫩的鸡时，你这样告诉她，让她知道你很欣赏她的厨艺，就好像前面小故事中那位女主人公所说的那样，你要让妻子知道"你不是在吃草"，或者像格恩常说的："好好地称赞一下这位小妇人。”因为她们都喜欢被人赞美。

当你正要这样向你的爱人表达时，不要害怕让她知道这一点——她在你的快乐中占有大的比重。正如我们前面说的，英国政治家狄斯瑞利就从不羞于让别人知道他从他的小妇人那里“沾光”多少。

有一天，我在阅读一本杂志时，发现了一段欧诺·埃第康德在访问中曾说过的话：“我沾光于我夫人多过从世界上任何人那里获得的益处。在我的孩提时代，我们是最好的朋友，她一直鼓励我勇往直前。我们结婚后，她为我节省每一块钱，然后进行再投资，我的整个家当都是她存储起来的。我们有五个可爱的孩子，她一直在为这个大家庭付出，如果说我是个有所成就的人，那么，所有的功劳都应归于她。”

所以，现在，我想你应该明白了，如果你想保持家庭生活的快乐，就要记住第四项原则：给予对方真诚的赞赏。

22.别忽视生活中的那些小事

卡耐基金言

在女人们眼里，生日、纪念日都十分重要，可能男人们会对此感到奇怪：这是为什么呢？这大概是女性的秘密。

总结起来看，婚姻其实就是一连串的琐事。不肯承认或者忽视这些小事的存在，就容易引发婚姻中的问题。

在那些婚姻破裂的家庭中，并非所有夫妻都是因为一些大事而产生分歧。相反，大多数都是因为一些小小的事情。

自古以来，人们在爱情中传递爱意的一种方式就是送花，因为花是爱情的语言，尤其是在鲜花盛开的季节，更不需要你花费多少钱。但男人们可以想想，作为丈夫的你，上次带花回家是什么时候？也许你认为它太珍贵，贵如兰花，稀如鼠菊，盛开于阿尔卑斯山云霄的绝壁之上。可是为什么要等到你的爱人躺在了医院的病床上才想起来送她几朵花？为什么不明晚下班的时候就顺便买几朵玫瑰花回家？不信你试试看，或许情况完全不同。

高恩是百老汇的大忙人，但他有个多年的习惯——每天下班后会给他的母亲打个电话，一直到他的母亲去世。

其实和你想象的并不同，他每天对母亲说的话并不是那些新奇的故事。生活毕竟是平淡的。但对别人小小的关注是给对方传递一种信息：你正在思念她，你希望她获得快乐、幸福，她的感受对你来说极为重要。

在女人们眼里，生日、纪念日都十分重要，可能男人们会对此感到奇怪：这是为什么呢？这大概是女性的秘密。男人都是糊涂的动物，但你能糊涂一生，几个重要的日期却不能不记得：妻子的生日、结婚的年份和具体的时间。

其实，我们发现，在那些婚姻破裂的家庭中，并非所有夫妻都是因为一些大事而产生分歧。相反，大多数都是因为一些小小的事情。赛巴斯是芝加哥的一位法官，他接触过4万宗婚姻案件，其中有2000对夫妇接受过他的调解，他说：“那些琐碎的事情才是婚姻产生问题的根源，假如妻子去上班之前能对丈夫招手说再会，就能避免很多离婚案件的发生。”

在有关婚姻的记载中，勃朗宁与其夫人之间的故事大概是最可歌可叹的了。即使再忙，他也不会忘记恭维他的夫人以及保持对她的注意，以此来保持爱情的活力。当他的妻子生病时，他极为关心，时刻照顾妻子。因此，他的妻子在给妹妹的信件中这样写道：“现在让我觉得十分奇怪的是，我到底算不算是现实生活中的天使呢？”

总结起来看，婚姻其实就是一连串的琐事。不肯承认或者忽视这些小事的存在，就容易引发婚姻中的问题。在伦诺，法庭一星期有6天时间要处理离婚案件，平均每10分钟一桩。你认为那些婚姻是因为真正的悲剧而失败的吗？我敢保证不是！如果你能去法院旁听，你会发现爱情就是毁于那些琐事。

现在，你可以拿出一把剪刀，把下面这段话剪下来，然后贴在你的镜子上，这样，每天你在洗脸时都能看见：

人生没有回头路，所以，你能做的任何对别人好或者仁慈的事，现在就做吧，不要拖延，也不要忽视了，因为你真的不能走回头路。

所以，如果你希望你的家庭和睦幸福，你需要记住第五项原则：注重生活中的小事。

第七篇

如何让自己历练成为一个成熟之人

23.敢于承担责任

卡耐基金言

人在成长的过程中，总是会遇到很多的事，人的一生也需要面临很多的责任，我们绝对不能在一遇到问题时就像个孩子一样把所有责任都推卸到别人身上。

如何改善现在的糟糕的状态、改善生活才是硬道理，而不应该整日沉溺在自怜的深渊中。

一天，我看见一幕场景：我正在蹒跚学步的小女儿达娜正费力地将一把小椅子往厨房搬，因为她想踩着这把椅子去拿冰箱顶上的东西。这简直太危险了！于是，我赶忙冲过去，想阻止她，以免她摔倒，然而，还是来不及了。当我跑过去的时候，她已经从那把椅子上摔了下来，我想看看她摔伤没有，没想到小家伙并没有扑在我怀里哭，而是站起来，狠狠地踢了椅子一脚，然后还生气地骂道："都怪你这坏家伙，让我摔倒了。"

假如你是个细心的人，假如你的身边有幼儿的话，那么，类似这样的故事你肯定看到不少。对于幼小的孩子来说，当他们遇到这样的情况时，也会很顺其自然地产生这样的行为，也就是会将责任推卸到那些没有生命、无法反抗、毫不相干的人或者事上，似乎这样就能让自己因为摔倒而带来的疼痛减轻些。对于他们来说，有这样的行为是极其正常的。

然而，假如这种行为一直持续到他成人期，那么，问题就大了。

古今中外，人的身上似乎总是有个毛病——委过于人，的确，没有什么比把责任推卸到他人身上更轻松的了。在伊甸园里，偷吃了禁果的亚当，居然把过错都加诸夏娃身上：“都怪那妇人，是她引诱了我犯错。”

一个人，要想成为一个成熟的人，第一步要做的就是敢于承担责任。人在成长的过程中，总是会遇到很多的事，人的一生也需要面临很多的责任，我们绝对不能在一遇到问题时就像个孩子一样把所有责任都推卸到别人身上。

那么，为什么还有如此多的人喜欢委过于人呢？其实，只要我们仔细想想，一点儿也不难明白。因为把责任推卸到别人身上比自己承担责任要容易得多。现在，我们来想想，我们是不是经常责怪我们的父母、丈夫、妻子、师长、上司等，我们甚至还会责怪社会、先辈，甚至对自己来到这个世界上感到不满，认为这就是个错误。

对于那些心智尚未成熟的人来说，似乎他们总是能找到一些外部理由来为他们自身开脱责任。比如：他们童年家境贫寒、父母管制得太过松懈、接受的学校教育不足或者身体健康状况欠佳等。

也有一些人抱怨伴侣不了解自己，或者命运之神总是在捉弄自己，也许你自己都会感到奇怪：为什么整个世界都要联合起来欺负你呢？对于这些人来说，当他们遇到困难的时候，不是努力地寻找解决的办法，而是先找一个能为自己开脱的替罪羔羊。

我还记得这样一件事：

我有一门课讲的是训练学员们的记忆力。这天下课后，有一位女学员截住了我，然后对我说："老师，我想告诉你的是，记住别人的名字是我的致命弱点，请您不要指望我能做到这一点。"

"为什么呢？"我感到十分好奇，便这样问她。

"这是遗传造成的，在我生活的大家庭里，大家的记忆力都不好，我做过努力，不过现在也不指望自己能有进步了……"她这样回答我。

"小姐，我认为你这不是遗传，而是你的惰性使然，因为在你看来，把问题归因于家族遗传，确实要比努力提高自己的记忆力容易得多。如果你不相信的话，你现在坐下来，我证明给你看。"

接下来，我帮她做了几个有关记忆的简单训练，这个过程中，她的注意力十分集中，因此效果很好。当然，要想让她摒弃自己是因为遗传因素而导致记忆力差的观念，还是需要一些时间的。不过庆幸的是，她愿意接受我的建议和帮助，在过了一段时间后，她的记忆力确实改善了不少。

为人父母者，总希望能尽自己最大的努力给孩子创造最好的生活条件，但是身为子女，却总是抱怨父母，就像上例中的女孩把自己的懒惰归因于家族因素。除此之外，还有大大小小的各种事情，小到头发脱落，大到人生抉择等。

你可曾想过，抱怨和责怪有用吗？也许你对下面这些伟人的事迹再熟悉不过了：乔治华·盛顿，他的出身高贵吗？但是他不是一样成为推动历史、闻名于世的人物吗？亚伯拉罕·林肯，他年幼时的物质条件是多么贫乏，但是最终不是也靠自己的辛勤劳动成为了影响历史的人吗？他也从未责怪过任何人，在1864年的一次演讲中，他这样表示：“我对美国人民、基督教世界、历史，还有上帝最后的审判都负有责任。”

这难道不是人类历史上最勇敢的宣言吗？如果你不能在他人面前带有如此的勇气去承担责任的话，那么，你就不能算作一个成熟的人。

在认识到现代文明以前，人们一直痴迷于星相学，为此，不少人找到了自己遇到不幸而逃脱的借口，比如：“我的生辰八字不好。”或“我的身边从没有一颗保卫我的幸运星。”

然而，这真的是借口吗？在莎士比亚的《凯撒大帝》一剧当中，罗马名将凯撒曾说过这样一句话：“亲爱的布鲁塔斯，这一错误不能归因于我们的星辰，而是我们有一种认命的习惯。”

假如你认为在《圣经》中关于耶稣的描述是正确的，那么，你应该很容易发现耶稣最典型的个性特征，那就是择善固执、毫不妥协。如果有人去找他看病或者寻求他的帮助时，他不会把时间浪费在寻找此事应该由谁来负责任或者探究对方内心深处的症结，而是直接对此人说：“拿上你的被褥回家吧！别再犯罪了，你的罪已被赦免……”

很显然，耶稣是要告诉我们每个人：如何改善现在的糟糕的状态、改善生活才是硬道理，而不应该整日沉溺在自怜的深渊中。

相传，在英国的都铎王朝有个奇怪的风俗，就是在皇室会设置一个职位——“挨鞭子的男孩。”顾名思义，就是替人挨打的职业。然而，就是这个奇怪的职业，却十分火热，大家竞相争夺。这是为什么呢？

错误面前，人人平等，对于那些犯错的皇家小孩也是如此，但小孩子难免也有不守规矩的时候，此时，为了不冒犯皇族定下的规矩，他们便花钱请来这样一个“替罪羊”，使其承受皇家小孩应受的责罚。然而，这样做不仅可以拿到薪水、赏赐，这一“受罪男孩”日后还能进入皇家工作，因此，便成为很多人竞相追逐的热门职位。

当然，现代社会，这一行业已不复存在。不过，对于那些心智不成熟的人来说，当他们遇到问题时，他们还是会寻找一些其他形式的“替罪羊”，假如他们找不到人可以作为责怪的对象的话，那么，他们就会责怪时运不济、市场不好、国际形势不安定，等等。

就在前段时间，我和一位朋友一起参加一个画展，他一直认为自己十分了解现代艺术。后来，我们在一幅画前驻足，我发现这幅画的作者在落笔时缺乏深思熟虑的思维，甚至可以说作风太过草率，便脱口而出自己关于这幅画的感觉：“我有三个孩子，也许他们画得比他好，假如这就是艺术的话，我就是米开朗基罗了。”

听完我这么说，朋友便也脱口回答：“你对人类的痛苦，难道一丝丝感觉都没有吗？这位艺术家想要表达的，其实是原子时代人们所受到的压力和困惑。”

的确，就连一位作风草率、画得不知所云的艺术家，也能把自己的无能归结为原子时代的压力！不过我认为，有一件事是毋庸置疑的，如果原子时代能给人类带来任何希望或满足，而并不是破坏或死亡的话，那么，我们需要的则是成熟、稳重、坚韧的个性，也就是那些能够并且愿意为自己的行为负责的人。

所以，如果你希望自己不仅能长大，还能逐步迈向成熟的话，那么，你要记住的第一项行事法则是：要为自己的行为负责，承担自己行为的后果，而不只是光踢椅子。

24.要么接受困难，要么改进

卡耐基金言

对于喜欢逃避责任的人来说，他们常把困难当成借口。

不成熟的人会把自己与众不同的地方看成缺陷和障碍，然后想以此来获得他人特别的对待；而成熟的人则不是如此，他通常能先认清自己的不同之处，然后要么接受，要么加以改进。

在我家附近，有个经营租车店（专门出租那些高级汽车）的人，他叫爱德华·道喜，我十分欣赏他。他是个心胸开阔、善于倾听和不断学习进步的人，他总是能在最短的时间内接受并掌握某一新鲜的事物，在我眼里，他是技能丰富的人。

有一天，我们在闲聊的时候谈到一个问题，并对此持有一致的观点——那些成功人士和伟人都有着顽强的意志力、能够克服困难。然后，爱德华问了我一个问题：“你有没有听说一个叫纳达尼·包德奇的人？”

“是不是那个对航海技术十分精通的人？”我反问他。

“对，就是他！”爱德华很吃惊我知道此人。然后他向我叙述了此人一生的经历：“纳达尼·包德奇出生于1773年，死于1838年，享年65岁，他10岁以前获取知识的方式都是自修，其中就有拉丁文，因此，阅读牛顿的《数学原理》对他来说并非难事。在他21岁的时候，他的数学知识和运用能力已经相当于一个数学家了。他喜欢航海，所以又开始学习航海技术。我还曾听说，在一次航海过程中，他把船上的人召集到一起，也包括那些厨师，然后教大家如何通过观察月亮和星座的关系来计算船只在海上的位置，后来，他还将自己的航海知识和技术写成了一本书，并且，在航海界被人们奉为经典。这对于一个并没有接受多少正规学校教育的人来说，实在不简单，你说对吗？”

爱德华的观点我当然十分认可。在克服艰难险阻方面，包德奇也确实是我们学习的榜样。我想大概从来没有人告诉他如果想成为一名科学家，就必须要接受大学教育。因此，他能不顾一切地自学，并获得了他所想了解的众多知识。所以在我看来，对纳达尼·包德奇和爱德华·道喜这样的人来说，困难根本算不上什么事。

对于任何一个喜欢规避责任的人来说，他们总是能找到借口。也许你听过有人曾把自己的失败归结为知识不够，因为他没有上过大学，然而，就算他上了大学，在失败后，他还是能为自己找到其他推脱的借口。而一个真正成熟的人却不这么做，在困难面前，他通常会寻求解决的办法，而不是寻找借口去规避困难。

约瑟·亨利是华盛顿一家工学院的院长。一次，他的朋友亚历山大·贝尔向他抱怨自己工作的不顺心，在他看来，之所以会如此，是因为自己没有学习过电机方面的知识。他虽然认可贝尔的看法，但并没有对贝尔的遭遇表示同情，也没有说："哦，亲爱的贝尔，你没有学过计算机方面的知识，这简直太不幸了。"他更没有为贝尔出谋划策——向父母寻求帮助或者申请奖学金，而是很平淡地说了三个字："去读吧！"

亨利是对亚历山大·贝尔一生都极有影响力的人，亚历山大·贝尔正是因为听了亨利的话才去读了机电学，最后他成为了美国历史上对传播学极有贡献的人。

也许你会认为贫穷是成功的障碍，真是如此吗？你所了解的美国总统赫伯特·胡佛是爱德华州一名铁匠的儿子，到后来又沦为一名孤儿；IBM董事长托马斯·沃森在年轻时担任过记录员，每星期只拿2美元的薪水。对于这些伟人或成功人士来说，贫穷似乎根本不能对他们构成障碍，他们一门心思扑在工作上面，哪有多余的时间去自怜？

罗伯·路易·史蒂芬森是著名的文学家，他一生体弱多病，但他的生活以及文学生涯从没有因为他的身体而受到半点影响。和他打过交道的人都认为他是一个十分开朗、活泼、积极向上的人，并且，他所写下的每一行文字也都流露出这种精神。因为他不愿意向身体的缺陷低头，所以，他的文学作品也更精彩和丰盛。

我有一个好朋友，他的儿子长得清秀俊朗，在学校成绩优异、表现良好，深受师长们的喜爱。但是他有个缺陷——口吃。从他很小的时候开始，他的父母就为他遍寻名医，希望能治好他口吃的毛病，但并不见成效。

一天，从学校回来的男孩对父母说，他将要代表全体毕业生在学校的毕业典礼上发表讲话。于是，男孩兴致勃勃地开始为演讲准备文稿。他的父母也为他提供意见，希望能对他有所帮助。但自始至终，都未提及如何在演讲中避免口吃这个毛病。

这一天终于来了。那天晚上，男孩镇定自若地走上台，然后端正地站在众人面前。那一刻，全场师生都注视着他，因为不少人都对他十分了解——尤其知道他患有口吃的毛病。刚开始的时候，他十分缓慢地讲，但却很有信心。后来，他顺利地把15分钟的演讲说完了，中间丝毫没有凌乱的地方。当他结束演讲后，全场报以热烈的掌声。因为所有人都明白，对于一个患有口吃的少年来说，如此顺利地完成一次演讲是多么不易的事。

卡尔顿·格里夫是个住在新泽西州的生意人。一天，当他开车经过莫里镇的一个十字街口时，突然看见一个盲人少妇牵着她的导盲犬从路口经过，出于安全需要，他赶紧踩了刹车。

当卡尔的车已经停稳下来后，走过来一个男士，他自称是那位盲人少妇的训练师。

他告诉卡尔："以后经过此处的时候，如果还遇到她，请不要刹车，您看到那只狗了吗？它就是用来保护女主人的，这样能避免交通事故，而如果每部车子经过此处的时候都紧急刹车的话，那么，狗会以为这是应有的状况，自然会失去高度的警觉性，而假如有一天，万一有部车不像您这样停下来的话，那么就很容易引起交通事故。”

这个故事给我留下了很深的印象，倒不是因为那位训练师的话在理，而是因为那位少妇居然能想出这样的方法来让自己过正常人的生活——让一只狗来充当自己的眼睛。

这些都是心智成熟的人，面对困难，他们并不是顾影自怜，更不会寻找借口逃避，而是勇敢地接受和面对，然后加以克服和解决。

作家洛埃·史密斯曾写过一本传记——《一个完整的生命——在死神的门口》，这是一本让人深受鼓舞的书，写的是艾默·赫姆的故事。

艾默·赫姆出生在俄亥俄州的亨特维，他在出生的时候，医生就给他“判了死刑”，他的父母这样被告知：“这孩子活下来的概率机会为零。”

但奇迹就是这样发生的，赫姆最终还是活下来了。在他生存于世的90多年，他一直饱受疾病折磨——他因右半身严重受伤时常痛楚不已，但即便如此，他从来都没有向命运低头。虽然他无法从事体力劳动，但他爱上了阅读。

在他28岁的时候，也就是1891年，他成为了卫理公会的传道士。后来，他又遭遇了两次致命的事故，但他依然没有失去信念。后来，他的经历引起了著名的巧克力制造商约翰·惠勒的注意，并获得了他在经济上的帮助。就在几个月后，这位差点儿死去的传道士，奇迹般地生存了下来，并且还出院了。

痊愈后的艾默·赫姆开始兴建教堂、为传道活动募集基金，并经常帮助当地的医院和学校，他为此被称为“单肺传教士”，他为此筹集到300多万美元的慈善基金。到了他69岁的时候，虽然他已经退休，但是他依旧继续这一项有意义的事业，他举办了上千次的讲道、撰写了两本书，为当地教会还有其他的慈善机构募捐了50多万美元的基金，在20多所专业学校担任董事，然后他自身还拿出5万美元在加州大学附近建立了一所教会。

艾默·赫姆很明确一点，自己是有生命的，并且他也是有使命的。于是，他把自己一生90多年的时间充分利用，并使自己成为了勇气的化身。

在时刻高速运转的现代社会，人们都在追逐年轻与时尚。这样，一些青春不再的人，不免感叹岁月荏苒，不免感到自己已经过时、就要被丢进垃圾堆了。

我记得几年以前，在我纽约的一个训练班上，有一个身材瘦小、已达74岁的女学员，在跟我的一次聊天中，她说她自己不知道该如何度过余生。

她曾经的职业是女教员，并且她一辈子大部分时间都在做这个工作，直到她退休为止。她的存款并不多，因此，即使退休以后，她还是必须要工作，无论是从改善生活条件还是精神上来说，这都是有好处的。因为她曾经从事过教育的工作，所以在教学经验上来说，她还是十分丰富的，因此，她选择了去幼儿园给孩子们讲故事。并且，她会对要讲的故事进行一番筛选，并借助幻灯片来加强效果。

在她跟我叙述完这些以后，我对她进行了鼓励，告诉她完全可以将这一工作当成事业来做。大概是接受了我的建议，她真的开始了她晚年的事业。她开始逐渐明白，年纪并不是限制一个人发挥潜能的障碍，相反，因为积累了多年的教学经验，她完全可以将故事讲得更动人。

然后，她便开始去寻求福特基金会的帮助，因为这一组织一直致力于推进文化工作。她将计划写在纸上，内容涉及不少为幼儿园的孩子们所设计的故事节目。她不仅通过口头讲述，还用演示的方法给大家看，因此很容易就被接受了。并且，她富有趣味性和戏剧性的讲故事的方式，也让她更受欢迎。

如今，我的这位年迈的女学员真的成功了，她不仅在当地传播了自己的教学理念，更把欢乐带给了全美国的孩子们。她从不认为年纪会阻止她继续努力，也不会对别人说："我真的老了，无法再养活自己了。"相反，她认为自己随着年龄的增长而积累的工作经验为自己带来不少好处，因此，她重新评估了自己的能力，并付诸行动，所以最后，她做的非常成功。随着时间的推移，虽然她的年纪越来越大，但是她的心并不老，只是更加成熟。

萧伯纳就是一个厌烦那些总是抱怨环境不利之人的人，他曾说："似乎人们总是抱怨环境不利，因此始终不能做出什么成就来，那既然如此，为什么不去造就一个更好的环境呢？

事实上，假如一个人总是认为自己所处的环境不够好的话，那么，他就很容易将自己造成过失的的责任推诿到这些缺陷或者其他因素上。在我年轻的时候，我就一直为自己的高个子而自卑。后来，我才逐渐明白，身高只是身体的一个特征而已，是好处还是坏处，完全看自己的态度。

所以，如果你想成为一个成熟的人，就要谨记第二项原则：困难面前别退缩和害怕，也许它是一种幸运的开始。

25.不幸都会成为过去

卡耐基金言

原来所有的不幸都是昨天发生的事，都已成为过去，只要好好生活，所有的一切总会越来越好的。

生命路上，谁也不会一帆风顺，而是总是摆动在幸与不幸、黑暗与黎明、浮与沉之间交替的模式里。

集中精神，从帮助他人当中获得快乐。

1945年8月，也就是在“二战”后日本宣布投降的第二天，有一位妇人叫玛丽·布朗，她走进了她在加拿大渥太华的自家住宅，静静地感受着来自房间给她的空洞和空虚感。

几年前，她的丈夫在车祸中丧生；紧接着，一直和她住在一起的母亲也因病去世，她如此叙述着在她身上发生的一切：

“我在房间里听到钟声和汽笛声的时候，我知道新的和平世界又到来了，但此时，我却丝毫高兴不起来，因为我唯一的儿子达诺去世了，我已经没有了丈夫和母亲，而如今，我唯一的亲人也离开了我，我想从此以后我大概真的孤单一人了。”

“在孩子的葬礼如期举行后，我一个人走在空空荡荡的房间里，我想我这辈子都不可能忘记那种空虚、无依无靠的感觉。我几乎整个人，无论是身体还是内心，都充满了这种哀伤和恐惧，我是多么恐惧未来我将要一个人面对所有事情，我将无依无靠，而最让我感到害怕的是未来，我将要一个人与哀伤结盟、共度余生。”

在接下来的几周内，布朗太太完全沉浸在一种哀伤和恐惧之中，她茫然又痛苦，完全无法接受发生在自己身上的一切，不过后来她慢慢痊愈了，她说：“逐渐我才明白，也许时间能抚平一切伤痕，只是我觉得时间过得太慢，总好像度日如年，我必须找些事情来使自己忘记这些遭遇和伤痛，于是，我决定再回去工作。”

“随着时间一天天过去，我也开始逐渐对从前的生活产生兴趣，我学会再次融入我的朋友、同事当中。一天早上，当我睁开双眼、从睡梦中清醒过来的时候，我突然意识到，这是多么崭新的一天啊！原来所有的不幸都是昨天发生的事，都已成为过去，只要好好生活，所有的一切总会越来越好的。我知道，假如我始终活在过去是多么愚蠢的一件事，只能证明我不能面对现实。对于那些我曾经无法面对的事实，是时间教会了我该怎样去承担。虽然这个过程十分缓慢，不是一两天，也不是一两个星期，但庆幸的是，我真的做到了。现在，当我再回想那段日子时，就觉得自己曾经经历了一场海上风浪，而现在，已经是雨过天晴、风平浪静了。”

可能生活中有一些人也经历过布朗太太的不幸遭遇，当灾难发生在他们身上的时候，他们会怨天尤人，埋怨命运为什么对自己开这样的玩笑，但抱怨无济于事，唯有先面对，然后才能接受。布朗太太就是这样做的，她先努力让自己接受家人已经离开的事实，然后决定把一切交给时间来处理，最终她做到了。

有人说，抗拒命运就等于把毒药倒在自己的伤口上，而这样，伤口不但不能痊愈，反而会逐渐溃烂，最终危及自己的生命。能让我们面对不幸的方法只有一个：那就是接受它。刚开始的时候，也许你会认为自己的生活被苦难分割得支离破碎，但能让这些碎片重新聚合到一起并抚平的，大概只有时间，不要急着下结论——“我不可能好起来”，尝试着给时间一个机会吧！在刚开始受到打击的时候，也许你觉得你周围的世界都停止运转了，而苦难似乎也并未饶过我们——它总是在给我们一个又一个的打击。但又能怎样呢？我们只能擦干眼泪、继续往前走，去履行生命计划中的种种其他任务。而一旦有一天你将这些任务都实现的时候，那些曾经的痛楚也就不再那么痛了，我们又能重新唤回从前那些快乐的回忆，并感到自己被庇佑了，而不是被伤害。要想从不幸的阴影中走出来，时间是唯一能给我们良药的朋友，但前提条件还是需要我们把心打开，完全接受那已经不能再改变的命运，否则，我们只能永远沉浸在那痛苦的回忆中。

不幸并不意味着世界末日来了。有时候，它还是能让我们奋起直击的垫脚石，对改善状况大有必要，它使我们的头脑变得灵活，并帮助我们解决问题。

印度克里士那曾说过这样的话：

我们通常所认为的幸福的结局，并不是平淡、安稳的享乐生活，而是不屈不挠地与不幸战斗。

一个人的气质会因为曾“不屈不挠地与不幸战斗”而变得更加深沉，也更多彩丰富。它能挖掘出我们藏在心灵和思维深处的潜能，这些潜能并没有直接表现出来，只有在必要时才会苏醒过来，然后为我们所用。在莎士比亚的《哈姆雷特》中曾有这么一段话：“要采取行动以抵制困境，唯有对抗，才能结束困境。”这是摆脱不幸的第二个方法。我有一个被我称为尘暴灾难的例子。

你是否见过在美国西南地区随时肆虐人民的沙尘暴？你亲眼目睹过那些无情的沙尘暴摧毁村庄和人民的家园吗？你看到过在沙尘暴下生活的人们脸上的那种无奈的表情吗？下面我们要讲的这个故事的主人公就是一个从小就生活在沙尘暴阴影下的男孩，现在的他已经21岁了，他的家就处于沙尘暴地带，他的父母用尽了一生的力气和沙尘暴抗争。

自从他的父母去世以后，他就不得不担起家里的重担。但是沙尘暴从来没有因为同情他而不再肆虐。然而，终于有一天，他实在无路可走了——没有土地可以耕种，没有农作物可以收割，粮仓也空空如也，他马上就要饿肚子了。年轻人看着沙尘暴走后留下的足迹——落在屋顶上的尘埃，倍感无奈，该如何是好呢？

此时，他年仅8岁的小妹妹走了过来，身旁还有她的一位很要好的小伙伴，妹妹对他说：“吉米，你能给我10美分吗？我们想要到那边的商店买些饼干回来，但是我们每个人都需要10美分。”妹妹很渴望地看着他。

听到妹妹这么问，吉米沉默了半天，因为他实在没办法拒绝妹妹这么一个小小的要求，但是他确实没有10美分，将全身的口袋掏了个遍，也没有找到10美分。

没办法，他只能告诉他的妹妹："很抱歉，我亲爱的妹妹，我没有10美分。"

这天晚上，吉米再也睡不着了，他大概永远也不可能忘记妹妹在听他说"很抱歉"这三个字时的脸上的表情有多么失望。二十多年来，他经历过不少的打击——工人离职、天天肆虐的沙尘暴，甚至是双亲离世……但确实从来没有一次像今天那样，他连给妹妹的10美分都没有，这是个多么卑微的要求！难道这一点都不能满足妹妹吗？吉米就这样翻来覆去地思考，在天亮之前，他告诉自己："我一定要采取一些行动了。"然后，他想出了一个全方位的计划。

一直以来，吉米都有一个愿望——当一名教师。但是自从他的父母过世以后，为了照顾自己的家庭，他必须留在农场。但是，沙尘暴竟然连他最后的希望都毁了，这使他不得不考虑其他的工作。

于是，第二天，吉米来到了镇上，为自己找到了一份临时工的工作。从那个时候起，他开始借来一些书，然后一边打工，一边读书，有时候他会读书到深夜，为的是以后能真正实现自己的理想。就这样，功夫不负有心人，他后来终于在一间乡村学校找到了教员的工作。他是个负责任的老师，为此，他获得了很多学生和家长的认可。

双亲离世、沙尘暴肆虐家园、生存条件的威胁等，大概再也没有比吉米的遭遇更不幸的了，然而，因为妹妹的一个卑微的要求——10美分，他开始重新思考和规划人生，最终他做出了改变，并实现了自己的梦想。

有些情况下，我们所做的某些行动还能减轻与亲人分离的痛苦。故事的主人公是密西西比杰克森市的克文顿太太。

克文顿太太有三个孩子，但是他们的身体状况都不是很好，因此，她把大部分的精力都花费到照料他们身上。但更糟糕的是，有一天，他们的家庭医生告诉她，她的丈夫也患上了一种很严重的心脏病，随时都有可能离开他们。下面是克文顿太太的自述：

当医生把这些告诉我以后，我整个人都懵了。我内心害怕极了，并且，我为此担忧，甚至在夜里怎样都无法入睡，没过多久，我就瘦了15磅，医生说我太过焦虑。一天晚上，我又失眠了，我便跟自己对话，问自己这样担惊受怕是不是多余。我告诉自己应该做一些有用的事，于是，第二天早上，我便按照事先的计划开始实施了。从前，我的丈夫精于木工，家里的不少家具都是他亲手做的，于是，我告诉他我希望他能再做个床头小桌。他答应了我，并且花了好几个下午认真地去做。我发现，虽然丈夫已经病重，但是工作确实带给了他不少的乐趣，于是，这件事以后，我们又做了好几件家具。

除此之外，我们还自己开垦荒地，种了一些花和菜。丰收的时候，我们把那些最好的果实都送给朋友。并且，我们还尽量帮助周围的人做一些事，这样我们会觉得十分开心。无事可做的时候，我们便坐下来商量一些关于种植果树的计划。

一天凌晨一点多的时候，我的丈夫突发心脏病，他永远地离开了我们。那一刻，我才认识到，其实结婚这么多年，我们完全可以从开始时就把压力抛诸脑后。在最后的那段日子，是我们在一起度过的最快乐、最有意义的时光。我就是这样面对失去丈夫的悲剧，并尽力用最好的方式接受它。

这个故事中，克文顿太太是多么有勇气的一个人，在不幸面前，她并没有怨天尤人，而是选择做一些有意义的事，这使得她的丈夫在生命的最后岁月里过得那么快乐，而她自己也因此而留下了一段快乐的回忆。

当我们面临不幸时，要想让自己尽快走出来，最有效的方法便是去帮助他人、做有意义的事。

生命路上，谁也不会一帆风顺，而是总是摆动在幸与不幸、黑暗与黎明、浮与沉之间交替的模式里。遇到难题时，我们绝不能像只鸵鸟那样把头埋在沙堆里面，将各种问题推开，因为这样问题始终也不会得到解决。挫折、逆境、苦难都是我们人类生活中的一部分，只有实实在在地面对，才是成熟的表现。

相反，那些不成熟的人在遇到问题时，经常都会抽身而退，不敢面对。一些小孩在玩游戏的时候也是如此，对于没有胜算的游戏，他们便没有兴趣，成熟的成年人便不会如此，难题只会激发他们的斗志，他们会一再尝试，直到成功为止。

在卡耐基训练班里，我也曾听我的学员讲过另外一个类似的故事。

有一个男孩叫麦克，他21岁的时候，在服役期间的一次战役中受了重伤，眼睛从此失明。他很快被送到了医院。即便受了如此大的创伤，他还是十分开朗、活泼，经常和周围的病人开玩笑，把自己的一些小礼物——烟和糖果分给那些好朋友。

医生们也都喜欢麦克，因此大家都尽力想要治好他，因为这个小伙子确实是个很有魅力的人。一天，主治医师走进麦克的病房，问他："麦克，我知道向病人告知这样恶劣的消息是一件残忍的事，但是你也知道我们不能撒谎，所以，现在我要如实地告诉你，恐怕你的眼睛再也不能治好了。"

整个病房突然沉寂下来，时间仿佛也在此停止。

过了一会儿，麦克说："医生，我明白，其实，我也一直都知道情况如此，非常感谢你们一直以来努力为我治病。"麦克很平静地回答了医生的话。

过了几分钟后，麦克对他周围的朋友说："我实在没有任何理由绝望，的确，我的眼睛失明了，但是我的听力很好，我的身体很健壮，我不但可以行走，还能靠自己的双手过日子。我听说，对于我这样的残疾人士，政府会资助我学习一技之长，从此作为谋生的技能，而现在，我最应该做的，就是立即让自己去适应不能看见的一种新生活。"

一个双目失明的士兵，却比很多人都眼界开阔。在他的心里，不断叠加的是已经拥有的幸福，而不是那些不幸，这就是百分之百的成熟，也是我们必须要面对的方法。在我们每个人的有生之年，我们都要面对这样的考验——你、我，还有住在我们隔壁的那个邻居。

在我们的身边，一些不成熟的人对自己遭遇的苦难经常会质疑："为什么这些事会发生在我身上？"那么，这里只能给你一个答案："为什么不呢？"

谁都不是上帝的宠儿，也不是上帝的眼中钉。任何一个尘世的人，自打他来到这个世界开始，他就注定了要接受一些磨难，正像我们曾享受过的那些快乐一样。不管何时，我们总会在某一天，学会一个道理：在经受苦难的过程中，每个人都是平等的。无论是王侯将相还是平民百姓，无论是男人还是女人，无论是孩子还是老人，当我们面对难题、伤痛、磨难的时候，他们所受到的折磨都是一样的。在那个时候，不成熟的人会怨天尤人、会逃避，因为他们不曾理解，生命中出现的种种磨难，诸如生、老、病、死或其他，都是人生的必经阶段而已，是无法避免的。

面对磨难和不幸，谁都想找到最简便的方法摆脱，接下来我们总结了5个步骤，让我们每个人都记住吧：

1 对于已经无法改变的事实，学会接受它，给时间一个机会，让时间去抚平一切伤痕；

2 不要怨天尤人，也不要逃避，学会寻找方法摆脱困境；

3 集中精神，从帮助他人当中获得快乐；

4 在有生之年，让你的每一天都充满意义；

5 计算我们已经拥有的幸福。

所以，如果你希望自己变得更加成熟的话，请记住第三项原则：学会摆脱生活中的不幸。